养殖致富攻略·疑难问题精解

# 高效科学养狐狸

GAOXIAO KEXUE
YANG HULI 335 WEN

## 335问

马泽芳 崔 凯 雷振忠 李延鹏 编 著

U0381006

中国农业出版社
北 京

## 本书有关用药的声明

前言

FOREWORD

　　狐狸是世界上广泛饲养的三大珍贵毛皮动物之一。狐狸皮属于大毛细皮，毛长绒厚，光润美观，主要为裘皮服装、服饰生产提供原料，价格坚挺，交易量大。狐狸皮制品轻便保暖，美观大方，深受消费者所喜爱。

　　近年来，我国狐狸养殖业发展较快，养殖数量逐年增加，养殖区域遍布山东、河北、辽宁、黑龙江、吉林、内蒙古、山西、宁夏、北京、天津及新疆等地。为了满足广大专业人员和农民养殖户对养狐狸实用技术的需要，编者团队编著了《高效科学养狐狸335问》一书，希望能为广大狐狸养殖者提高养狐狸的经济效益提供理论知识和技术上的帮助。

　　全书共分11个部分，包括狐狸的生物学特性、人工饲养的狐狸主要品种及其特征、养狐狸场的建设、饲料与营养、繁殖与育种、饲养管理、生皮初步加工以及疾病防治等内容。在内容上着重于生产技术的应用，同时阐明一些有关基本理论知识，力求做到系统全面、深入浅出、通俗易懂、实用性和操作性强。适合广大养狐狸专业户、各养狐狸场技术人员和饲养员学习之用，也可供有关教学、科研和相关专业广大学生参考。

　　本书在编写过程中得到了山东省现代农业产业技术体系特种经济动物创新团队的支持，该团队自2014年由山东省政府创建，设置育种与繁殖、营养与饲料、疫病防控、设施与环境控制、加工与质量控制、产业经济 6 个岗位，由 11 名岗位专家、8 名综合试验站站长共计 19 名专家组成。该团队把创建以来深入全国狐狸养殖生产一线取得的调查和研究成果等实用技术毫无保留地奉献给本书，丰富了本书的内容，在此谨表诚挚的谢意。

编著者虽尽心尽力，但因时间仓促，书中一定会有不足和遗漏之处，请广大读者多加批评指正，尤其是请从事教学、科研和实际工作的同行们不吝赐教。

编著者
2019 年 6 月于青岛

# 目录
CONTENTS

前言

一、狐狸的生物学特性 ···················································· 1

  1. 狐狸是一种什么样的动物? ································· 1

  2. 狐狸喜栖居在哪些地方? ································· 1

  3. 野生狐狸的食性如何? ··································· 1

  4. 狐狸有哪些习性? ······································· 1

  5. 狐狸每年换几次毛? 有什么规律? ··················· 2

  6. 影响狐狸换毛时间的主要因素有哪些? ··············· 2

  7. 狐狸寿命有多长? 有哪些天敌? ····················· 2

  8. 一年中狐狸的物质代谢水平相同吗? 是否影响体重? ··· 2

  9. 狐狸主要消化器官的功能是什么? ··················· 3

二、人工饲养狐狸的主要品种及其特征 ····················· 5

  10. 目前人工饲养的狐狸主要有哪些品种? ············· 5

  11. 赤狐的基本特征有哪些? ··························· 5

  12. 银黑狐的基本特征有哪些? ························· 5

  13. 北极狐的基本特征有哪些? ························· 6

  14. 芬兰北极狐与国内北极狐相比有哪些优良特性? ····· 6

  15. 什么是彩狐? 彩狐有哪些主要色型及特征? ········· 6

16. 野生型狐狸的毛色基因有多少对? ·············· 8

17. 购买种狐狸前应注意哪些问题? ·············· 8

18. 引种时如何挑选银黑狐种狐? ·············· 8

19. 引种时如何挑选狐属的彩狐种狐? ·············· 9

20. 引种时如何挑选芬兰北极狐原种和纯繁后代? ····· 9

21. 引种时如何挑选国产北极狐和改良北极狐? ······· 10

22. 引种时如何挑选影狐? ·············· 10

23. 不同属间的狐狸进行杂交有哪些优缺点? ······· 10

三、养狐狸场的建设 ·············· 12

24. 选择养狐狸场址应遵循哪些基本原则? 有什么意义?
·············· 12

25. 选择养狐狸场址的条件有哪些? 养狐狸数量少时
如何利用场地? ·············· 12

26. 养狐狸场一般应建设几个功能区域? ·············· 14

27. 养狐狸场的功能区域为什么要合理规划布局? 合理规划
布局养狐狸场应遵循的基本原则是什么? ········· 14

28. 养狐狸场各功能区域的规划布局要求是什么? ···· 15

29. 养狐狸场必备哪些辅助建筑? ·············· 17

30. 养狐狸场饲料加工室的规模和主要设备有哪些? ····· 17

31. 养狐狸场怎样冷贮鲜饲料? ·············· 17

32. 对养狐狸场的兽医室建设有什么要求? ······· 18

33. 对养狐狸场的分析化验室建设有什么要求? ······· 18

34. 对养狐狸场粪污处理设施有什么要求? ······· 18

35. 对养狐狸场的毛皮加工室建筑要求有哪些? ······· 18

36. 对狐狸皮的楦板规格及开槽标准有什么要求? ···· 19

37. 养狐狸场的基本建筑和设施有哪些? ·············· 19

四、饲料与营养 ·············· 22

38. 狐狸的饲料分为哪几类? ·············· 22

39. 鱼类饲料对狐狸的主要营养功能是什么？
　　在狐狸日粮中的喂量是多少？ ·············· 23

40. 常用海鱼的种类及营养特点是什么？如何利用？ ······· 23

41. 常用淡水鱼的种类及利用特点是什么？ ·········· 23

42. 常见的有毒鱼有哪些？如何利用？ ··········· 24

43. 饲喂狐狸的常用肉类饲料有哪些营养特点？
　　如何合理利用？ ················· 24

44. 利用肉类饲料时应注意哪些问题？ ··········· 25

45. 鱼副产品和肉副产品对狐狸的主要营养
　　功能是什么？ ················· 26

46. 常用鱼副产品有哪些？ ··············· 26

47. 常用肉类副产品及其利用特点是什么？ ········· 26

48. 常用软体动物及其利用特点是什么？ ········· 28

49. 常用干动物性饲料有哪些？ ············· 28

50. 乳制品的营养特点是什么？如何利用？ ········· 30

51. 蛋类的营养特点是什么？如何利用？ ········· 31

52. 植物性饲料对狐狸的主要营养功用是什么？ ······· 32

53. 适于饲喂狐狸的植物性饲料主要有哪些？
　　如何利用？ ·················· 32

54. 玉米、高粱、小麦、大麦及糠麸的营养特点
　　及如何利用？ ················· 33

55. 大豆、蚕豆、绿豆和赤豆等的营养特点
　　及如何利用？ ················· 33

56. 饼粕类饲料的营养特点及如何利用？ ········· 34

57. 果蔬类饲料的营养特点及如何利用？ ········· 34

58. 钙和磷对狐狸的主要功用是什么？日粮中
　　的适宜比例是多少？ ·············· 35

59. 狐狸主要矿物质饲料的来源及利用特点是什么？ ······· 35

60. 抗生素饲料的作用及利用特点是什么？ ········· 36

61. 什么是干配合饲料？有哪些优点？ ··········· 36

62. 什么是鲜全价配合饲料？有哪些优点？ …………… 37

63. 怎样正确使用配合饲料？ ………………………… 37

64. 贮藏好狐狸饲料有什么重要意义？ ……………… 38

65. 怎样贮藏动物性饲料？ …………………………… 38

66. 怎样贮藏植物性饲料？ …………………………… 39

67. 为什么要对饲料品质进行鉴定？怎样进行鉴定？ …… 39

68. 应怎样对各类饲料进行加工？ …………………… 41

69. 饲料调制时应注意哪些问题？ …………………… 44

70. 饲料中含有哪些营养成分？ ……………………… 45

71. 狐狸的营养需要特点是什么？ …………………… 45

72. 狐狸的能量需要特点是什么？ …………………… 45

73. 狐狸的蛋白质营养需要特点是什么？ …………… 45

74. 狐狸需要哪些必需氨基酸？ ……………………… 46

75. 哪些饲料中含有全价蛋白质？ …………………… 46

76. 狐狸对蛋白质的供给有什么要求？ ……………… 46

77. 怎样使日粮中的氨基酸能起互补作用？ ………… 47

78. 狐狸的脂肪需要特点是什么？ …………………… 47

79. 什么是脂肪酸和必需脂肪酸？对狐狸有
什么营养作用？ …………………………………… 47

80. 脂肪为什么会氧化和酸败？ ……………………… 48

81. 氧化和酸败的脂肪对狐狸有什么危害？ ………… 48

82. 碳水化合物对狐狸的营养功能是什么？ ………… 48

83. 矿物质对狐狸的营养功能是什么？ ……………… 49

84. 无机盐对狐狸有什么功用？ ……………………… 49

85. 饲料中为什么必须长年添加食盐？ ……………… 49

86. 维生素对狐狸的生理功能是什么？为什么
必须人工补充？ …………………………………… 50

87. 维生素分为哪几类？ ……………………………… 50

88. 脂溶性维生素对狐狸有什么功用？ ……………… 50

89. 水溶性维生素对狐狸有什么功用？ ……………… 51

90. 狐狸维生素的主要来源及利用特点是什么？ ……… 53

91. 水对狐狸有什么营养作用？为什么要长年
重视狐狸的饮水？ ……………………………… 54

92. 狐狸日粮类型的特点和使用要求是什么？ ……… 54

93. 完全采用鱼类饲料养狐狸是否可行？其日粮
比例如何搭配？ …………………………………… 55

94. 用鱼粉或干鱼饲养狐狸时，在日粮中应占多大
比例？如何搭配？ ………………………………… 56

95. 什么样的鱼可以生喂？什么样的鱼必须熟喂或
不能用于喂狐狸？ ………………………………… 56

96. 如何利用畜禽肉类饲料？ ……………………… 56

97. 用痘猪肉喂狐狸应如何处理？在饲料中占多大
比例为宜？ ………………………………………… 57

98. 乳类饲料的营养价值怎样？如何利用？ ……… 57

99. 蛋类饲料的营养价值怎样？如何利用？ ……… 57

100. 配制狐狸日粮的方法有几种？ ……………… 58

101. 用日粮的热量配比法怎样配制日粮？ ……… 58

102. 用日粮的重量配比法怎样配制日粮？ ……… 60

五、繁殖技术 …………………………………………… 63

103. 笼养狐狸性成熟年龄及影响因素？ ………… 63

104. 狐狸的繁殖有什么特点？ …………………… 63

105. 公狐狸性周期变化有什么特点？ …………… 63

106. 母狐狸性周期变化有什么特点？ …………… 64

107. 母狐狸在什么时间发情？ …………………… 64

108. 母狐狸发情分为几个阶段？有什么特点？ … 64

109. 什么是母狐狸的异常发情？ ………………… 65

110. 发情母狐狸能持续接受交配几天？ ………… 66

111. 如何判断公狐狸是否发情？ ………………… 66

112. 怎样对母狐狸进行发情鉴定？ ……………… 66

113. 狐狸配种有几种方法？ ………………………………… 68

114. 人工放对怎样进行？ …………………………………… 69

115. 什么是试情放对？怎样进行？ ……………………… 69

116. 公、母狐狸交配行为与犬一样吗？ ………………… 69

117. 狐狸交配时间一般多长？ ……………………………… 70

118. 公狐狸的配种能力如何？ ……………………………… 70

119. 怎样提高初次配种狐狸的配种力？ ………………… 70

120. 狐狸择偶性强吗？ ……………………………………… 71

121. 怎样判断公狐狸的交配能力？ ……………………… 71

122. 怎样合理利用种公狐狸？ ……………………………… 71

123. 狐狸初配后为什么还要复配？ ……………………… 72

124. 交配次数会影响母狐狸的受胎率吗？ ……………… 72

125. 怎样提高种公狐狸的交配率？ ……………………… 72

126. 为什么要检查种公狐狸的精液品质？
      如何检查？ …………………………………………… 72

127. 怎样做好配种狐狸的观察护理工作？ ……………… 73

128. 母狐狸的妊娠时间有多长？ ………………………… 73

129. 如何推算狐狸的预产期？ ……………………………… 73

130. 狐狸妊娠后胚胎如何发育？ ………………………… 74

131. 狐狸妊娠中断的原因是什么？如何预防？ ………… 74

132. 母狐狸产仔前应做好哪些准备工作？ ……………… 74

133. 狐狸一般在什么时间产仔？为什么国外引种狐狸
      产仔的时间拖后？ …………………………………… 75

134. 母狐狸的产程多长时间？ ……………………………… 75

135. 母狐狸难产有哪些表现？如何助产？ ……………… 75

136. 狐狸一胎能产多少仔？仔狐狸初生重
      是多少？ ……………………………………………… 76

137. 仔狐狸出生时的状态如何？多少日龄开始睁眼、
      出牙、吃食、断奶？ ………………………………… 76

138. 如何判断仔狐狸的健康状况？ ……………………… 76

139. 母狐狸产仔检查在什么时间进行合适？ ……………… 77

140. 产仔检查的内容和方法有哪些？ …………………… 77

141. 一只母狐狸能抚养多少只仔狐狸？ ………………… 78

142. 怎样进行代养？ ……………………………………… 78

143. 什么样的产仔母狐狸能当"乳娘"？ ………………… 78

144. 仔狐狸断奶一般采用什么方法？ …………………… 78

145. 幼狐狸生长发育速度如何？ ………………………… 79

146. 哺乳期仔狐狸要闯哪三关？ ………………………… 79

147. 狐狸繁殖力的评价指标有哪些？ …………………… 80

148. 狐狸的人工授精有哪些优点？ ……………………… 80

149. 狐狸的人工授精技术主要包括哪些？ ……………… 81

150. 怎样采精？ …………………………………………… 81

151. 精液品质检查的内容和方法是什么？ ……………… 82

152. 精液稀释的目的和作用是什么？ …………………… 84

153. 怎样配制狐狸的精液稀释液？ ……………………… 84

154. 常用的狐狸精液稀释液配方有哪些？ ……………… 85

155. 配制精液稀释液时应注意哪些问题？ ……………… 85

156. 怎样确定精液的稀释倍数？ ………………………… 85

157. 如何保存稀释后的狐狸精液？ ……………………… 86

158. 为什么必须正确进行狐狸的输精？ ………………… 87

159. 狐狸输精器材主要有哪些？ ………………………… 87

160. 狐狸的精液应输到哪个部位？ ……………………… 87

161. 狐狸的最佳输精时机是什么时候？ ………………… 87

162. 什么样的精液才能给母狐狸输精？ ………………… 87

163. 生产中采用什么方式进行狐狸的输精？ …………… 88

164. 输精后母狐狸阴道流血是怎么回事？ ……………… 88

165. 输精时个别母狐狸输不进精液是怎么回事？ ……… 89

六、育种 ………………………………………………………… 90

166. 狐狸的选种依据是什么？怎样进行狐狸

的选种工作？ ················································ 90

167. 怎样鉴定银黑狐的毛绒品质？ ················· 90

168. 什么是银毛率？ ·············································· 91

169. 什么是银毛强度？ ········································· 91

170. 什么是银环颜色？ ········································· 91

171. 什么是银黑狐的"雾"？ ······························ 92

172. 什么是银黑狐脊背上的黑带？ ················· 92

173. 银黑狐尾的形状有几种？ ···························· 92

174. 银黑狐种狐针、绒毛长度和细度一般是多少？ ······ 92

175. 怎样鉴定北极狐的毛绒品质？ ················· 92

176. 北极狐种狐针、绒毛长度和细度一般是多少？ ······ 93

177. 狐狸的体型及鉴定方法是什么？ ············· 93

178. 种狐狸的体型如何分级？ ···························· 93

179. 如何鉴定狐狸的繁殖力？ ···························· 94

180. 怎样进行系谱鉴定？ ···································· 94

181. 怎样进行后裔鉴定？ ···································· 94

182. 种狐狸的年龄结构对生产有影响吗？什么样的
     年龄结构是合理的种狐狸群？ ················· 95

183. 什么是选配？选配的目的和意义是什么？ ·········· 96

184. 狐狸的选配应遵循哪些原则？ ················· 96

185. 什么是双重交配和多重交配？怎样进行？ ········ 97

186. 彩狐应怎样选配？ ········································· 97

187. 怎样用芬兰或美国良种北极狐改良当地产的
     北极狐？效果如何？ ····························· 97

七、饲养管理 ···················································· 99

188. 怎样划分狐狸的年生物学时期？ ············· 99

189. 狐狸有饲养标准吗？ ···································· 100

190. 成年北极狐的饲养标准要高于银黑狐吗？ ······· 103

191. 准备配种期狐狸的生理特点是什么？ ······· 103

192. 狐狸准备配种期饲养管理的主要任务是什么？ ········ 104

193. 狐狸准备配种期的饲养要点是什么？怎样调整
其日粮组成？ ·············· 104

194. 准备配种期的管理要点有哪些？ ·········· 105

195. 怎样鉴别种狐狸的体况？ ············· 106

196. 怎样调整种狐狸的体况？ ············· 107

197. 配种期狐狸的生理特点是什么？ ·········· 107

198. 狐狸配种期饲养管理的主要任务是什么？ ······ 107

199. 狐狸配种期的饲养要点是什么？怎样调整
其日粮组成？ ·············· 108

200. 配种期如何合理利用种公狐狸？ ·········· 108

201. 狐狸配种期的管理要点是什么？ ·········· 108

202. 加强妊娠期狐狸的饲养管理有什么意义？ ······ 109

203. 狐狸妊娠期的生理特点和营养需要特点有哪些？ ····· 110

204. 在妊娠不同阶段母狐狸都有哪些妊娠表现？ ····· 110

205. 如何判断母狐狸妊娠中断？ ··········· 110

206. 狐狸妊娠期饲养管理的主要任务是什么？ ······ 111

207. 狐狸妊娠期每日的营养物质需要量是多少？ ····· 111

208. 妊娠期狐狸的日粮组成是什么？ ·········· 111

209. 妊娠期狐狸的饲养要点是什么？ ·········· 111

210. 妊娠期狐狸的管理要点是什么？ ·········· 112

211. 加强产仔泌乳期狐狸饲养管理有什么意义？ ····· 113

212. 产仔泌乳期狐狸饲养管理的主要任务是什么？ ···· 113

213. 产仔泌乳期狐狸有何特点？ ··········· 113

214. 母狐狸泌乳有何特点？ ············· 114

215. 母狐狸的泌乳量与仔狐狸对乳汁的需求量
有何关系？ ··············· 114

216. 狐狸产仔泌乳期每日的营养物质需要量是多少？ ···· 114

217. 产仔泌乳期母狐狸的饲养要点是什么？ ······· 114

218. 采用什么方法催乳？ ·············· 115

219. 产仔泌乳期狐狸的管理要点是什么？ ················ 115
220. 为什么要加强成年狐狸恢复期的饲养管理？ ········· 116
221. 恢复期狐狸饲养管理的中心任务是什么？ ·········· 116
222. 恢复期狐狸的饲养要点是什么？ ················· 116
223. 恢复期狐狸的管理要点是什么？ ················· 117
224. 初生仔狐狸早期死亡率高的原因是什么？ ·········· 118
225. 母狐狸搬弄仔狐狸的原因是什么？ ··············· 118
226. 怎样进行仔狐狸的人工哺乳？ ·················· 119
227. 仔狐狸开食后如何护理？ ····················· 119
228. 判断仔（幼）狐狸是否生长发育正常的
　　 主要依据是什么？ ························· 119
229. 幼狐狸的饲养要点是什么？ ··················· 120
230. 幼狐狸的管理要点是什么？ ··················· 121
231. 狐狸冬毛生长期的特点是什么？ ················· 122
232. 冬毛期狐狸的营养需要特点是什么？ ·············· 122
233. 冬毛期狐狸的日粮应如何配制？怎样饲喂？ ········· 122
234. 冬毛期狐狸的管理要点是什么？ ················· 123

八、褪黑激素应用 ································ 124

235. 褪黑激素对动物的作用是什么？ ················· 124
236. 褪黑激素诱导狐狸冬毛早熟的应用原理是什么？ ····· 124
237. 狐狸埋植褪黑激素有什么好处？ ················· 124
238. 饲养者应购买什么样的褪黑激素产品？ ············ 125
239. 应在什么时间埋植褪黑激素？埋植的剂量是多少？ ····· 125
240. 怎样埋植褪黑激素？ ······················· 125
241. 应怎样对褪黑激素埋植注射器进行消毒？ ·········· 126
242. 怎样对埋植褪黑激素的狐狸（激素狐狸）
　　 进行饲养管理？ ························· 126
243. 埋植褪黑激素狐狸在什么时间取皮最适宜？ ········· 126
244. 埋植过褪黑激素的狐狸能作种用吗？ ············· 126

九、狐狸皮的初步加工 ················· 127

245. 狐狸的毛皮是由什么构成的? ············· 127
246. 狐狸皮肤的组织结构是怎样的? ············· 127
247. 狐狸的被毛更换有什么样的季节性变化特点? ······· 128
248. 如何确定狐狸皮收取时间? ············· 128
249. 怎样鉴定毛皮的成熟度? ··············· 128
250. 怎样处死狐狸? ················· 128
251. 怎样剥狐狸皮? ················· 129
252. 狐狸皮初加工的步骤和基本要求是什么? ········ 130
253. 影响狐狸毛皮质量的因素有哪些? ·········· 132
254. 不同季节生产的狐狸皮有区别吗?
　　 品质特征是什么? ··············· 133
255. 狐狸皮的质量鉴定方法有几种? 如何鉴定? ······· 134
256. 怎样检验狐狸的毛绒品质? ············· 134
257. 怎样检验皮板质量? ··············· 135
258. 收购狐狸皮有哪些规定和规格标准? ········· 135
259. 怎样划分狐狸皮的尺码长度和尺码比差? ········ 137
260. 狐狸皮验质分等时应注意哪些问题? ········· 137
261. 狐狸皮的伤残皮有哪些种? ············· 138
262. 狐狸有哪些有利用价值的副产品? 怎样收取? ······ 139

十、兽医卫生综合措施 ················· 140

263. 养狐狸场对饲料进行兽医卫生监督有何意义? ······ 140
264. 狐狸用饲料卫生管理应遵循哪些原则? ········ 140
265. 如何对狐狸用饲料进行兽医卫生监督? ········ 141
266. 对饲料加工室和饲料加工用具、食具
　　 有哪些卫生要求? ··············· 143
267. 对饮用水有哪些卫生要求? ············· 143
268. 养狐狸场疫病防治措施应遵守的基本原则是什么?

.................................................................143

269. 养狐狸场的卫生制度包括哪些内容？ ................144

270. 养狐狸场常用消毒方法有几种？ ....................145

271. 怎样利用物理消毒法进行日常消毒？ ...............145

272. 常用化学消毒药剂有哪几种？ ......................146

273. 什么是特异性预防？对养狐狸场疫病防治
     有何意义？ ......................................147

274. 养狐狸生产中应对哪些传染病进行疫苗的预防
     接种？接种程序如何？ ............................148

275. 母源抗体对幼狐狸首次疫苗接种有什么影响？ ....148

276. 为什么某些传染病在幼狐狸首次接种疫苗后
     的短时间内会发病？ ..............................149

277. 接种疫苗后狐狸有不良反应吗？如何救治？ ......149

278. 养狐狸场突发传染病时应采取怎样的紧急措施？ ...150

279. 狐狸疾病临床诊断的基本方法有哪些？ ............151

280. 怎样进行狐狸的体温检查？有什么意义？ .........153

281. 对狐狸进行尸体剖检前应做好
     哪些工作？ ......................................153

282. 狐狸尸体剖检包括哪些内容？ ......................154

283. 采集狐狸的送检病料时应注意哪些问题？ .........156

284. 怎样采集送检病料？ ..............................156

285. 对采集的病料如何保存和送检？ ...................157

286. 治疗狐狸疾病应遵循的基本原则是什么？ .........158

287. 狐狸疾病的治疗方法有哪些？ ......................159

288. 狐狸常用的给药方法有几种？ ......................162

十一、疾病与防治 ........................................165

（一）病毒性疾病 ........................................165

289. 怎样防控狐狸犬瘟热？ ............................165

290. 怎样防控狐狸细小病毒性肠炎？ ...................166

291. 怎样防控狐狸传染性肝炎？ …………………… 167

292. 怎样防控狐狸狂犬病？ …………………………… 168

293. 怎样防控狐狸伪狂犬病？ ……………………… 169

294. 怎样防控狐狸传染性脑脊髓炎？ ……………… 170

295. 怎样防控狐狸自咬病？ ………………………… 171

（二）细菌性疾病 ……………………………………… 172

296. 怎样防控狐狸巴氏杆菌病？ …………………… 172

297. 怎样防控狐狸绿脓杆菌病？ …………………… 174

298. 怎样防控狐狸大肠杆菌病？ …………………… 175

299. 怎样防控狐狸沙门氏菌病？ …………………… 176

300. 怎样防控狐狸魏氏梭菌病？ …………………… 177

301. 怎样防控狐狸阴道加德纳氏菌病？ …………… 179

302. 怎样防控狐狸布鲁氏菌病？ …………………… 180

303. 怎样防控狐狸恶性水肿？ ……………………… 181

304. 怎样防控狐狸链球菌病？ ……………………… 182

305. 怎样防控狐狸双球菌病？ ……………………… 183

306. 怎样防控狐狸钩端螺旋体病？ ………………… 184

307. 怎样防控狐狸秃毛癣？ ………………………… 185

（三）中毒性疾病 ……………………………………… 186

308. 怎样防控狐狸肉毒梭菌毒素中毒？ …………… 186

309. 怎样防控狐狸霉玉米中毒？ …………………… 187

310. 怎样防控狐狸食盐中毒？ ……………………… 188

311. 怎样防控狐狸新洁尔灭中毒？ ………………… 188

312. 怎样防控狐狸伊维菌素和阿维菌素中毒？ …… 189

313. 怎样防控狐狸磺胺类药物中毒？ ……………… 189

（四）寄生虫病 ………………………………………… 190

314. 什么是寄生虫和寄生虫病？ …………………… 190

315. 防控寄生虫病的措施有哪些？ ………………… 190

316. 怎样防控狐狸附红细胞体病？ ………………… 190

317. 怎样防控狐狸疥螨病？ ………………………… 191

318. 怎样防控狐狸毛虱病？ ……………………………… 192

319. 怎样防控狐狸蛔虫病？ ……………………………… 193

320. 怎样防控狐狸弓形虫病？ …………………………… 194

（五）普通病 ……………………………………………… 195

321. 怎样防控幼狐狸消化不良？ ………………………… 195

322. 怎样防控狐狸急性胃肠炎？ ………………………… 196

323. 怎样防控狐狸急性胃扩张？ ………………………… 197

324. 怎样防控狐狸感冒？ ………………………………… 198

325. 怎样防控狐狸肺炎？ ………………………………… 199

326. 怎样防控狐狸流产？ ………………………………… 200

327. 怎样防控狐狸难产？ ………………………………… 201

328. 怎样防控狐狸乳房炎？ ……………………………… 202

329. 什么是中暑？ ………………………………………… 202

330. 怎样防控狐狸足掌硬皮病？ ………………………… 204

331. 怎样防控狐狸白鼻子症？ …………………………… 205

332. 怎样防控狐狸大肾病？ ……………………………… 206

333. 怎样防控狐狸食毛症？ ……………………………… 207

334. 怎样防控狐狸尿湿症？ ……………………………… 207

335. 怎样防控狐狸黄脂肪病？ …………………………… 208

参考文献 ……………………………………………………… 210

# 一、狐狸的生物学特性

**1** 狐狸是一种什么样的动物？

人们常说的狐狸是民间对狐类动物的通称。狐在动物分类学上属于哺乳纲食肉目犬科。世界上人工饲养的狐狸有 40 多种不同的色型，但归纳起来可分为狐属和北极狐属。

**2** 狐狸喜栖居在哪些地方？

狐狸在野生状态下，栖居在森林，草原，丘陵，荒地，丛林，河流、溪谷、湖泊岸边等地。常以天然树洞、土穴、石头缝、墓地为穴。栖息地隐蔽程度较好，不易被发现。

**3** 野生狐狸的食性如何？

狐狸以食肉为主，也食一些植物。在野生状态下，以鱼、蚌、虾、蟹、虫类、蚯蚓、鼠类、鸟类、昆虫，以及野狐和家畜、家禽的尸体为食；有时也采食浆果，植物籽实、根、茎、叶。

**4** 狐狸有哪些习性？

狐狸性机警、狡猾、多疑，昼伏夜出。野生北极狐有时聚集而居，曾发现有集居 20～30 只北极狐的洞穴。种间生存斗争相当激烈，往往弱肉强食。狐狸抗寒能力强，不耐炎热，喜在干燥、空气新鲜、清洁的环境中生活。狐狸能沿峭壁爬行，会游泳，还能爬倾斜的树。公、母狐狸共同抚育后代，1 年繁殖 1 次。

**5** 狐狸每年换几次毛？有什么规律？

成年狐狸每年换毛1次。赤狐和银黑狐在早春3—4月开始换毛。先从头、前肢开始换毛，然后为颈、肩、背、体侧、腹部，最后是臀部与尾根部，绒毛一片片脱落。新绒毛生长的顺序与脱毛相同，在夏初即停止生长。夏毛较冬毛色暗、稀短。在7—8月时，剩下没有脱掉的粗长针毛大量脱落，以后针、绒毛一起生长，一直到11月形成冬季的长而稠密的被毛。北极狐春季脱毛从3月末开始，夏毛的更换在10月底基本结束，12月初或中旬冬毛基本成熟。

银黑狐仔狐狸出生时，全身长满稀短、灰黑色的胎毛，紧贴在皮肤上。随着仔狐狸日龄增长，毛色逐渐变黑，当生长到30～40日龄时，银黑狐仔狐狸在面部能看到白色银毛露出；2～3月龄时，银毛在全身分布更加明显。北极狐仔狐狸10月以前基本是绒毛组成的毛皮。

**6** 影响狐狸换毛时间的主要因素有哪些？

日照时间、天气温度、饲料营养水平和年龄等因素都会影响狐狸的换毛时间。其中，日照时间对脱毛影响很大，在夏秋两季人工缩短日照时间，冬毛可提前成熟。另外，在低温时，毛的生长可能快一些。

**7** 狐狸寿命有多长？有哪些天敌？

寿命，赤狐8～12年、银黑狐10～12年、北极狐8～10年。繁殖年限，赤狐4～6年、银黑狐5～6年、北极狐3～4年。一般生产繁殖最佳年龄为3～4岁。自然界中，狐狸的天敌有狼、猞猁等野兽。

**8** 一年中狐狸的物质代谢水平相同吗？是否影响体重？

狐狸的物质代谢水平在一年不同时期并不一致。秋、冬两季消耗的营养物质比夏季少，而秋季营养物质用于沉积体内贮备。代谢水平以夏季最高，冬季最低，春、秋相近但高于冬季而低于夏季。代谢水平依个体的体况有所差异。

一年四季内物质代谢的改变，会引起体重的季节性变化。秋季银黑狐和北极狐的体重比夏季（7—8 月）平均高 20%～25%，这是由于在体内沉积大量脂肪所致。在 7—8 月体重最轻，而在 12 月至翌年 1 月体重最重。

**9 狐狸主要消化器官的功能是什么？**

（1）胃

狐狸的胃为单室有腺胃，容积较大，可达 310～500 毫升。银黑狐在进食后经 6 小时胃内容物全部排空。胃黏膜上有胃腺，分泌胃液，其中主要有胃酸、黏液和胃蛋白酶原，胃酸激活胃蛋白酶原，并提供酸性环境，使饲料中的蛋白质易于消化。胃酸进入小肠内可促使胰液与胆汁分泌；胃蛋白酶将蛋白质分解为蛋白胨和蛋白胨。

（2）小肠

狐狸的肠管较短，银黑狐肠管约为其体长的 3.5 倍（约 219 厘米），北极狐肠管约为其体长的 4.3 倍（约 235 厘米）。食物经过胃肠道的时间仅为 20～25 小时。

小肠分为十二指肠、空肠和回肠 3 部分，总长度银黑狐平均为 175.6 厘米、北极狐平均为 193.2 厘米，分别占总肠道的 80.2% 和 82.2%。小肠内的消化液有胰液、胆汁和小肠液 3 种。胰液呈碱性，可中和进入小肠的胃酸，并为各种胰酶提供适宜的碱性环境。胰液含有多种消化酶，胰蛋白酶能将蛋白质分解为氨基酸，胰脂肪酶能将脂肪分解为甘油和脂肪酸，分解糖类的胰酶能将糖类分解为葡萄糖等单糖。胆汁能激活脂肪酶，乳化脂肪，促进脂肪的分解和吸收及脂溶性维生素的吸收；此外，还有刺激肠道蠕动和抑菌的作用。由小肠黏膜腺体分泌的小肠液也含有多种分解蛋白质、脂肪和糖类的消化酶，因而也有助于这些物质的消化。

小肠是机体消化吸收的主要部位。所有营养物质，尤其是水、无机盐和维生素等主要在小肠内被吸收。

（3）盲肠

银黑狐长约7.5厘米，北极狐长约8厘米，盲肠的前端开口于结肠的起始部，后部是一尖形的盲端。盲肠内的微生物能够分解少量的纤维素。

# 二、人工饲养狐狸的主要品种及其特征

**10** 目前人工饲养的狐狸主要有哪些品种？

人工饲养的狐狸有赤狐、银黑狐、十字狐、北极狐，以及各种突变型或组合型的彩色狐狸，分属于两个不同的属：①狐属，如赤狐、银黑狐、十字狐等；②北极狐属，如北极狐（蓝狐）。

**11** 赤狐的基本特征有哪些？

赤狐（彩图 2-1）又称红狐狸、草狐狸，体细长，四肢较短，嘴尖，尾长 40～60 厘米，体长 60～90 厘米、平均 70 厘米，体高 40～45 厘米，体重 5～8 千克。尾特别蓬松，毛色差异很大，标准者头、躯、尾为赤褐色，深者赤色，浅者黄褐色、灰褐色。四肢呈黑或黑褐色。腹部颜色为浅灰褐色，耳背面为黑色或黑褐色，尾尖为白色。

**12** 银黑狐的基本特征有哪些？

银黑狐（彩图 2-2）体型外貌与犬相似。嘴尖，耳长，四肢细长，体长 60～70 厘米，体高 40～50 厘米，尾长 40～50 厘米，体重 5～6 千克，公狐狸较母狐狸大些。全身基本毛色是黑色，底绒青灰色，衬托着银白色，故以得名。银黑狐的针毛毛尖为黑色，靠近毛尖的一小段为白色，基部一大段为黑灰色。绒毛青灰色。尾端毛白色，形成 4～10 厘米的白尾尖；尾形以粗圆柱状为最佳，圆锥形次之。

**13** 北极狐的基本特征有哪些？

北极狐（蓝狐）较银黑狐短。嘴短粗，耳小而圆，体较胖。成年北极狐体长 64～68 厘米，公狐狸比母狐狸大 5%～7%。尾长 25～30 厘米，体重 5～6 千克，有非常稠密的短绒和不太发达的柔软针毛。北极狐有浅蓝色（彩图 2-3）和白色（彩图 2-4）两种颜色。浅蓝色北极狐，终年都有较深的毛色，是最有经济价值的北极狐。白色北极狐随着季节不同，毛色深浅也有变化，冬天是白色，夏天颜色变深。

**14** 芬兰北极狐与国内北极狐相比有哪些优良特性？

（1）体型硕大

成年狐狸平均体长 75 厘米，体重 13 千克以上，公、母狐狸差别不显著。

（2）皮肤松弛

芬兰北极狐全身皮肤松弛，颈下部和腹部皮肤松弛而明显下垂。由于皮肤松弛，取皮后皮张延伸率高达 70% 以上，因而尺码也较大。

（3）性情温驯

芬兰北极狐的野性已不明显，温驯而迟钝，活动量减少，饲料报酬高。

（4）毛皮品质好

芬兰北极狐绒毛极其丰厚，针毛短而平齐、光亮。

芬兰北极狐本交能力很低，基本上采用人工授精技术繁殖。芬兰北极狐初引种的第一年繁殖力较低，风土驯化适应期较长。

**15** 什么是彩狐？彩狐有哪些主要色型及特征？

彩狐是银黑狐、赤狐和北极狐在人工饲养过程中或野生状态下的毛色变种狐狸。这些变种狐狸，有的色型经过选育提高扩繁形成了新的色型；有的色型目前数量还很少；有的色型则由于毛色差或毛绒品质低劣而逐步被淘汰。

目前，银黑狐、赤狐的毛色变种狐，以及不同色型交配所产生的新色型共有 30 多种。北极狐的变种色型有近 10 种。

(1) 狐属的彩狐

狐属彩狐是赤狐、银黑狐的毛色突变类型，分显性遗传和隐性遗传两种性状。狐属显性毛色遗传基因彩狐主要有白（铂）金狐、白脸狐、大理石（白）狐、乔治白狐，国内以白金狐、白脸狐、大理石白狐常见，它们的基因相似，但复等位基因不同。狐属隐性毛色遗传基因彩狐，主要有珍珠狐、白化狐、巧克力狐和棕色（琥珀）狐。体型外貌类似赤狐、银黑狐，被毛颜色各异。

1) 白金狐（$bbW^pw$） 被毛淡化成白里略透蓝近似于铂金的颜色，有的颈部有白色颈环、鼻尖到前额有一条白带。白金狐是银黑狐的显性突变类型，基因为杂合型，显性基因纯合有胚胎致死现象。

2) 白脸狐（bbWw） 又称白斑狐，是银黑狐显性突变类型。毛色近于白金狐，四肢带有白斑。显性基因纯合亦有胚胎致死现象。

3) 大理石（白）狐 全身毛色呈均匀一致的白色，有的嘴角、耳缘略带黑色。大理石狐为杂合基因（$bbW^mw$）、大理石白狐为显性纯合基因（$bbW^m$），显性基因纯合无胚胎致死现象。

4) 乔治白狐（$bbW^gw$） 也是银黑狐的显性突变类型，是苏联培育的白狐，国内未有。

5) 珍珠狐（bbpEpE） 被毛呈均匀一致的淡蓝色，类似珍珠颜色而得名。是银黑狐的隐性变种，国内外饲养较多。

6) 白化狐（cc） 被毛呈均匀一致的黄白色，眼睛、鼻尖粉红色。白化狐是赤狐隐性突变类型，因生命力低而很少留种饲养。

7) 巧克力狐（bbbrFbrF） 被毛呈均匀一致的深棕色（类似巧克力颜色），眼睛棕色，为银黑狐的隐性突变类型。

8) 琥珀狐（bbbrcbrc） 被毛呈均匀一致的棕蓝色（类似琥珀颜色），眼睛蓝色，为银黑狐的隐性突变类型。

(2) 北极狐属的彩狐

北极狐属的彩狐类型较狐属少，主要有影狐、蓝宝石北极狐、珍珠北极狐、蓝星北极狐、白金北极狐等。国内以影狐多见，其余色型无。

1）影狐（Ss） 被毛呈全身均匀一致的洁白色，鼻镜粉红或粉黑相间的颜色，眼有蓝色、棕色和一蓝一棕的，是蓝色北极狐的显性突变类型。显性基因纯合有胚胎致死现象。

2）北极蓝星狐、北极白金狐 这两种狐狸与影狐相仿，属复等位基因控制，显性基因纯合也有胚胎致死现象。

3）珍珠北极狐 被毛毛尖呈珍珠色，鼻镜粉红色，是蓝色北极狐隐性突变类型。

4）蓝宝石北极狐 被毛呈浅蓝色，是蓝色北极狐隐性突变类型。

（3）银蓝狐

银蓝狐是银黑狐和北极狐杂交所得，毛色属银黑狐特点，体型和毛质趋于北极狐。银蓝狐不育，毛皮价格高于北极狐。

**16 野生型狐狸的毛色基因有多少对？**

狐狸的毛色遗传是由主色基因决定的。现在已知的野生型赤狐毛色基因有 10 对，其基因型符号是 AA、BB、CC、BrFBrF、BrCBrC、$g^n g^n$、PMPM、PEPE、RR、ww。野生型北极狐毛色基因有 CC、DD、EE、FF、GG、LL、ss 等 7 对基因。

**17 购买种狐狸前应注意哪些问题？**

应购买市场适销对路的优良品种类型；购买的公狐狸品质应优于母狐狸；购买种狐狸的时机宜在秋分时节（9月下旬至10月下旬）；应优选有种狐狸经营资质、信誉好的大中型场家；以购买当年幼龄狐狸为主，不知情的情况下，不宜贸然引进老种狐狸。

**18 引种时如何挑选银黑狐种狐？**

（1）秋季换毛时间

优选换毛早、换毛快的个体，要求全身夏毛已全部转换为冬毛，头、面部针毛竖立。

（2）被毛性状

外观印象总体毛色黑白分明、银雾状美感突出，既不太黑、又不太浅。

（3）银毛率

银毛率即银色针毛的分布。优选从头至尾根银毛分布均匀者。

（4）银毛强度

银毛强度受针毛银白色部分的宽度所制约。若太宽，则总体毛色发白；而若太窄，则总体毛色发黑、银雾感降低。应优选银毛强度适中者。

（5）针毛尖和银毛的黑、白颜色反差

针毛黑色部分越黑、白色部分越白，则反差越大，品质越佳。

（6）背线和尾毛

优选从头至尾脊背黑色，背线清晰和尾尖毛白的个体。

（7）体型性状

秋分时节公狐狸体重 10 千克以上、母狐狸体重 7.5 千克左右，公狐狸体长 80 厘米以上、母狐狸体长 65 厘米以上。

**19** 引种时如何挑选狐属的彩狐种狐？

狐属彩狐引种时，体型、外貌、被毛转换可参照银黑狐选种原则（问题 18），但毛色性状要符合本色型的典型特征。

**20** 引种时如何挑选芬兰北极狐原种和纯繁后代？

（1）秋季换毛和冬毛成熟

国内引种芬兰原种纯繁北极狐，秋分时节要求冬毛转换良好；国外引进芬兰原种北极狐，则要求在取皮季节冬毛完全成熟。必须是非埋植褪黑激素的个体。

（2）遗传性状

头形方正、嘴巴宽短、四肢粗壮、爪大而长、体形修长、皮肤松弛、性情温驯等均为芬兰北极狐的优良性状，应侧重体形修长、皮肤松弛性状的选择，不要片面强调体重大小。

（3）性器官发育

要逐只检查种狐狸性器官的发育情况，通过检查淘汰单睾、隐睾、睾丸发育不良的公狐狸和外生殖器官位置、形状异常的母狐狸。

（4）体型性状

国内引种秋分时节公狐狸体重 15 千克以上，母狐狸体重 7 千克左右；公狐狸体长 80 厘米以上，母狐狸体长 70 厘米以上。引种芬兰原种狐狸，公狐狸体重 17.5 千克以上，体长 85 厘米以上；母狐狸体重 8 千克左右，体长 65 厘米左右。

**21** 引种时如何挑选国产北极狐和改良北极狐？

（1）被毛颜色
宜优选蓝色北极狐引进（符合国内市场需求）。
（2）秋分换毛
宜优选夏毛已全部转换成冬毛（全身被毛变白）的个体。
（3）被毛性状
宜优选针毛短平、绒毛厚密的个体。
（4）体型性状
秋分时节体重，地产公狐狸 5.5 千克以上、改良狐狸 10 千克以上；体长，地产狐狸 55 厘米以上、改良狐狸 70 厘米以上。

**22** 引种时如何挑选影狐？

影狐宜引进全身针、绒毛毛色洁白一致、体形修长、皮肤松弛的个体。其他性状可参照国产北极狐和改良北极狐引种规则（问题 21）。

**23** 不同属间的狐狸进行杂交有哪些优缺点？

近几年来，狐属与北极狐属之间的杂交，在养狐狸生产中越来越受到人们的重视。主要是其杂交后代的毛绒品质均好于双亲，它克服了银黑狐针毛长而粗，北极狐针毛短、细、绒毛易缠结等缺陷。杂种狐狸皮绒毛丰厚，针毛平齐，色泽艳丽，具有更高的商品价值。属间杂种狐狸的生产，多半采用人工授精的方式进行。采用狐属的彩狐作为父本，北极狐属的彩狐作为母本进行人工授精。若反交，则繁殖力低。属间杂交子一代杂种狐狸无繁殖能力，只能取皮。

目前杂种狐狸主要有蓝霜狐（赤狐与浅蓝色北极狐或阴影狐杂交后代、银黑狐与浅蓝色北极狐杂交后代）、金岛狐（赤狐与白色北极狐或银黑狐与白色北极狐杂交后代）、银蓝狐（银黑狐与阴影狐杂交后代）和蓝银狐（铂色狐与阴影狐杂交后代）等。

# 三、养狐狸场的建设

**24** 选择养狐狸场址应遵循哪些基本原则？有什么意义？

养狐狸场选址的基本原则是以自然景观、环境条件适合于狐狸生物学特性要求为宗旨，以符合养狐狸场生产规模及发展远景为条件，并以具备稳定的饲料来源为基础，全面考虑，科学选址。

选择场址是建设养狐狸场重要的技术性工作，若场址选择不合理，将会给以后的生产带来种种困难，增加非生产性消耗，提高饲养成本。因此，在建造养狐狸场之前，一定要根据养狐狸所要求的基本条件，组织专业科技人员，认真地进行场址的勘察工作，并做出建场的全面规划，切不可违背科学，草率或主观行事。

**25** 选择养狐狸场址的条件有哪些？养狐狸数量少时如何利用场地？

选择养狐狸场址首先要考虑饲料条件和自然环境。农村专业户、个体户少量饲养，可利用住房附近闲余地方，但也必须注意光照、清洁卫生、安静、干燥等条件。

（1）饲料条件

必须在建场前搞好调查研究和论证，充分估测。首先考虑饲料来源、数量及提供季节等，然后确定养狐狸场的规模。对于不具备饲料条件的，其他条件再适宜也不能建场。

对狐狸等肉食性毛皮动物来说，动物性饲料显得更为重要。缺乏或没有饲料的地区不能建场。如养 100 只种狐狸（公母比 1：3），年末狐狸总数可达 400～600 只，全年需要动物性饲料 40 吨、谷物 17 吨、蔬菜 8 吨。因此，养狐狸场要建在饲料易获得，尤其是动物性饲料来源广而且易获得的地方，例如，肉类联合加工厂、畜禽屠宰场、鱼或肉类的冷库储存单位、畜牧业发达的地区，以及鱼类资源丰富的江、河、湖、海和水库附近等地方。如果已经有了狐狸颗粒饲料或全价鲜饲料生产工厂，则选场建场时，只需考虑自然条件及其交通运输条件即可。

（2）自然条件

自然条件要适合狐狸的生活、繁殖、毛皮成熟，地理纬度以不低于北纬 30°为宜。自然条件包括地形地势、水源土质、温度、湿度、光照及电力交通运输等。

1）地形地势　养狐狸场要求修建在地势较高、地面干燥、背风向阳的地方。一般在坡地和丘陵地区，以能避开寒流侵袭和强风吹袭的南或东南坡向为宜。为利于排出污水，在坡地建场时，应建成阶梯状的形式。低洼、沼泽地带，地面泥泞、湿度较大、排水不利的地方，或洪水常年泛滥、云雾弥漫的地方，风沙侵袭严重的地区不宜建场。饲养数量较少的专业户，场地设在房前屋后的，要选离墙 5 米以外、光照条件较好的地方，以保证狐狸的正常生长发育和繁殖，总之要注意笼舍夏季阴凉防暑及冬季背风保温防寒。

2）水源土质　水源不仅要充足而且水质要好。通常场址应选择在具有充足水源的小溪、河流或湖泊、池塘附近，或具有充足地下水源或自来水水源的地方。对于地表水或地下水含矿物质过多或过少，甚至缺少某种元素（如碘、硒等）的地区不能建场。绝不能使用死水、臭水或被病原、农药污染的不洁水。沙土、沙壤土透水性较好，易于清扫和排除粪便及污物，这样的土质地面修建狐狸棚舍较为理想。

3）用地与面积　饲养狐狸应尽可能避免占用耕地，最好利用贫瘠土地或非耕地。占地面积应适于狐狸群数量及狐狸群将来发展的需要。

4）环境与卫生　养狐狸场不应与畜禽饲养场靠近（半径范围1千米以上），更不可与居民住宅区混在一起（距离1千米以上），以避免同源疾病的相互传染，或环境喧闹影响狐狸配种、妊娠和产仔，甚至造成母狐弃仔。曾经流行过畜禽传染病的疫区或疫源区，必须严格消毒，经检查符合卫生防疫的要求后方可建场。养狐狸场一般要选在居民点的下风处，地势低于居民点，但要离开居民点污水排放口，使养狐狸场不致成为周围社会的污染源，同时也不能受到周围环境的污染。

5）交通与电源　养狐狸场应具有方便的交通条件，如铁路、公路附近或有码头的地方，但要有一定的距离，以保持养狐狸场环境安静。电源是养狐狸场中不可缺少的。饲料的加工调制、冷冻贮藏、控光养狐狸等都离不开电源。

**26** 养狐狸场一般应建设几个功能区域？

养狐狸场的建设，应具备生产区、经营管理区、辅助生产区和职工生活区4个部分。生产区应包括笼舍和棚舍、饲料加工室、饲料储藏室、饲料冷储库、毛皮加工室、兽医室、分析化验室等。经营管理区包括办公室、物资仓库、食堂等。辅助生产区包括农机库等。职工生活区包括宿舍、卫生所、学校、托儿所、商店等。

**27** 养狐狸场的功能区域为什么要合理规划布局？合理规划布局养狐狸场应遵循的基本原则是什么？

场址选好后，为保证养狐狸场生产管理的高效和合理，在建设养狐狸场前，要依据养狐狸场经营的目的、发展规划，结合场地的风向、地形、地势、饲养卫生要求条件进行规划布局，使场内各种建筑布局合理，既可保证狐狸的健康，又便于饲养管理。

（1）安全性原则

保证养狐狸场的整体安全，包括人和狐狸的安全。防止偷盗和狐狸逃逸，避免疫病的传入和内部交叉传播。

（2）功能联系紧密原则

各区域的划分必须保证养狐狸场各功能的高效和顺利实现，各区划间联系便捷。因此，在满足生产要求的前提下，应做到节约用地，尽量少占或不占耕地；建筑物之间的距离尽量布置紧凑、整齐；加大养狐狸区的用地面积，缩减服务区的用地面积，养狐狸区与服务区比例不低于4：1。

（3）环保节能原则

养狐狸场区域规划要求利用地理优势（冬季的防风和采光，夏季的通风、遮阴、排水等）和本地的资源优势（原有道路、供水、通信、供电线路、建筑物等），做到节约能源和环保（尤其是粪便和废水处理），以减少投资。

（4）长远和近期目标相结合原则

养狐狸场的发展是一个长期的过程，因此区域划分必须考虑未来发展的需要和当前利益的需要，做到长远发展和当前需求兼顾。

## 28 养狐狸场各功能区域的规划布局要求是什么？

养狐狸场各区域要求按生活服务区→管理区→辅助区→生产区的顺序依次布局。如场地东西长，南北短，以由西至东平行排列或由西至东北方向上升交错排列；如场地南北狭长，东西短，则由北向南或西南依次排列。道路的主干要能够直达管理区，尽量避免经过生产区。各区域水、电、能源设施齐全，并应考虑安装和使用的方便，保证生产安全。

养狐狸场各功能区域的建筑物要求在联系方便、节约用地的基础上，保持一定的距离，并防止管理区的生活污水经地面流入生产区。

（1）养狐狸场的围墙和绿化

养狐狸场周围，以及各区域之间，尤其是核心生产区，一定要修建围墙（1.5～1.7米）。围墙可用砖石、光滑的竹板或铁皮围成。墙基不能留有小洞，在排水沟经过的墙基处应有铁丝网拦截。养狐场中要加强绿化，净化环境。整个场区均要植树种草，减少裸露地面，绿化面积应达场区的30%以上。草坪要定期修剪，以免狐狸逃跑后不易寻找。

（2）养狐狸场的生活服务区

为保证有良好的生活条件，生活服务区应安置在环境最好、生活方便的地段，与生产区要相对隔离，距离稍远。生活服务区排出的废水、废物不能对生产区造成污染。

（3）养狐狸场的经营管理区

经营管理区应靠近居民较集中、交通方便的地方，以便有效利用原有的道路和输电线路，方便饲料和其他生产资料的供应，方便产品销售以及与居民点的联系。管理区与生产区应加以隔离。外来人员只能在管理区活动，特别是车库应设在管理区，严防病原。场外运输应严格与场内运输分开，场外运输车辆严禁进入生产区。

（4）养狐狸场的生产区

生产区是整个养狐狸场的核心，应当位于全场的中心地段。在布局上，各种建筑力求紧凑，以服务狐狸饲养、方便作业为主；要考虑到机械化程度、安装动力和能源利用等设置要求；规模大的建筑可分区规划与施工；应将种狐狸和生产狐狸分开，设在不同地段，分区饲养管理；生产区内下风处还应设置饲养隔离小区，以备引种或发生疫病时暂时隔离使用；生活区、管理区的生活污水，不得流入生产区。

棚舍和笼箱是生产区的主要建筑，必须配置在生产区的中心，而且应当设在光照充足、不遮阳、地势较平缓和上风向的区域。

饲料系统建筑物应设置在地势较高处，保证卫生与安全，距其他建筑物60米以上。饲料加工室应建于生产区的一侧，相互联系方便，靠近水源，与棚舍的距离大体相等。

**29** 养狐狸场必备哪些辅助建筑？

（1）饲料加工室

饲料加工室是饲料加工调制的必备设施。

（2）冷藏设备

冷藏设备是冷贮鲜动物性和植物性饲料的设备，以保证鲜动物性饲料至少 3 个月内不变质。

（3）毛皮加工室

毛皮加工室包括剥皮间、刮油间、洗皮间、上楦间、干燥间、验质间和贮存晾晒间。

（4）兽医卫生防疫室

兽医卫生防疫室用于兽医卫生防疫、疾病诊断治疗。

（5）其他建筑和用具

其他建筑和用具包括围墙、仓库、供水设施、菜窖、休息室等。此外，还应有一些常用器具，如串笼箱、捕狐狸网、种狐狸运输笼（箱）、喂食车、食具等。

**30** 养狐狸场饲料加工室的规模和主要设备有哪些？

饲料加工室的规模应与饲养的数量相适应。按饲养 300 只种狐狸计算，一般为 30～40 米$^2$。主要设备包括洗涤设备、熟制设备、粉碎机、绞肉机、搅拌机、洗鱼机、电机等，用来冲洗、蒸煮、浸制及混合饲料。为便于洗刷，保证卫生，室内地面和墙围应用水泥抹光，同时，应有上下水道。

**31** 养狐狸场怎样冷贮鲜饲料？

鲜的动物性饲料应冷贮，在大、中型养狐狸场一般要求修建冷库。冷库规模根据狐群的规模而定。一般在东北地区一家千只狐狸的饲养场，冷库规模为 100～200 吨，温度控制在 −15℃ 以下，湿度大于 80%。小型饲养场或专业饲养户，可在背风阴凉处修建简易冷藏室或购置低温冷藏箱（冰箱）。为保证狐狸长年吃到新鲜蔬菜，还须挖建菜窖。尤其是高纬度的北方地区，冬季气候寒冷，秋季利用菜窖贮藏一部分蔬菜更显得十分必要。

**32 对养狐狸场的兽医室建设有什么要求？**

兽医室要毗邻管理区，距狐棚舍大于 50 米，应当具备完整的设施和设备，包括消毒室、医疗室、无菌操作室（20 米$^2$）、焚尸炉或生物热坑。消毒室主要负责对外来人的接待和消毒工作，以及器械和药品消毒。医疗室配置各种医疗用药品和器械，如显微镜、冰箱、高压消毒器、免疫电泳仪、离心机等。

**33 对养狐狸场的分析化验室建设有什么要求？**

分析化验室主要负责动物性饲料的营养分析、毒性分析等，还有部分疾病的检验工作，解决生产中各项科学理论和生产实践方面的疑难问题。分析化验室也要毗邻管理区，距狐棚舍大于 50 米。应当具备配套的化学分析仪器和器械。

**34 对养狐狸场粪污处理设施有什么要求？**

为杜绝环境污染，粪便和垃圾应集中在贮粪池（场），放至场外，经生物发酵后作肥料肥田。贮粪场应设置在生产区院外的下风处，距圈舍大于 50 米，而且要远离居住房舍。

**35 对养狐狸场的毛皮加工室建筑要求有哪些？**

毛皮加工室属于生产区的一个重要组成部分，要求毗邻管理区，距狐棚舍大于 50 米，主要对毛皮产品进行初加工。依据初加工过程中不同环节的具体要求，毛皮加工室应依次修建屠宰间、剥皮间、刮油间、洗皮间、上楦间、干燥间、贮存晾晒间、验质间。各加工间要求按顺序排开，互相直通。根据种狐狸规模确定面积，一般 300 只种狐狸，上述各间需 30～40 米$^2$。

**对狐狸皮的楦板规格及开槽标准有什么要求?**

狐狸皮的楦板规格及开槽标准见表3-1。

表3-1　狐狸皮楦板规格及开槽标准

单位:厘米

| 地产狐狸 | | 芬兰纯繁狐狸和改良狐狸 | | |
|---|---|---|---|---|
| 距楦板顶端长度 | 楦板宽度 | 距楦板顶端长度 | 楦板宽度 | 楦板厚度 |
| 0 | 3 | | | |
| 5 | 6.4 | 0 | 3 | |
| 20 | 11 | | | |
| 40 | 12.4 | | | |
| 60 | 13.9 | 15 | 15 | 2 |
| 90 | 13.9 | | | |
| 105 | 14.4 | | | |
| 124 | 14.5 | 180 | 16.5 | |
| 150 | 14.5 | | | |

 **养狐狸场的基本建筑和设施有哪些?**

养狐狸场的基本建筑包括棚舍、笼舍和小室(或窝),主要设备有饲料加工贮存等辅助建筑和机械设备。

(1)棚舍

狐狸棚是安放笼舍的地方,有遮风、挡雨雪及防烈日暴晒的功能。形式可多种多样,有棚式、露天无棚式、封闭式等;可因地制宜就地取材建造,做到既要方便操作,又要经济耐用。有条件的狐狸场可采用三角铁、水泥墩、石棉瓦结构,虽然成本高,但坚固耐用;也可用砖木结构。

普通狐狸棚只需修建棚柱、棚梁及棚顶盖,不需要修建四壁。狐狸棚一般长50～100米,宽4～5米(两排笼舍)或8～10米(四排笼舍),棚脊高2.2～2.5米,檐高1.3～1.5米,作业通道

1.2米，棚顶盖成"人"字形。

（2）笼舍

笼舍是狐狸活动、采食、排粪尿和交配的场所，一般采用镀锌铁丝编织而成。笼底用12号或14号铁丝，笼眼规格为2.5厘米×2.5厘米或3厘米×3厘米。四壁及顶部网眼为3厘米×3厘米或4厘米×4厘米。种狐狸笼规格为（100～150）厘米（长）×（70～80）厘米（宽）×（60～70）厘米（高），皮狐狸笼的规格一般为80厘米（长）×80厘米（宽）×80厘米（高）。狐狸笼安装在牢固的支架上，支柱用铁筋、木框、三角铁或用砖砌成的底座均可，笼底距地面50～60厘米。在笼正面一侧设门，以便于捕捉狐狸和喂食用，规格为宽40～45厘米、高60～70厘米。笼舍内设有卧床，水盒挂在笼舍前侧。

狐狸笼可分为单个式、二连式和三连笼3种，可根据狐狸场条件自行选择。二个以上的笼连接在一起时，中间用双层网片或铁皮做成隔壁。二连式狐狸笼舍的规格长300厘米，宽90厘米，前高140厘米，后高130厘米，上盖石棉瓦、铺油毡纸等，小室装在左右两端。狐狸笼箱规格见图3-1。

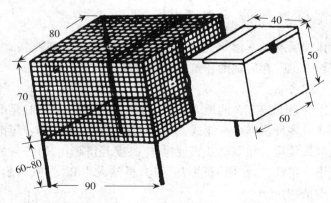

图3-1　狐狸笼箱（单位：厘米）

（3）小室

小室是狐狸休息、产仔和哺乳的地方，可用木板制作，也可以用砖砌成，在狐狸笼一端连接小室。木制小室的规格为 100 厘米（长）×65 厘米（宽）×60 厘米（高）。用砖砌的小室可以稍大些。小室顶部要设一活动的盖板，以利于更换垫草及消毒。小室正对狐狸笼的一面要留 25 厘米×25 厘米的小门，以便于和狐狸笼连为一体，便于清扫和消毒。小室板厚为 2 厘米，木板要光滑，木板衔接处尽量无缝隙，用纸或布将缝隙粘糊严密，以不漏风为好，并且在小室门内要有一挡板。用砖砌的小室，其底部应铺一层木板，以防凉、防湿。小室不能用铁板或水泥板制作。

（4）建造及安装狐狸笼舍和小室时的注意事项

在建造及安装狐狸笼舍和小室时，需注意以下 4 方面问题：①狐狸笼及小室内壁不能有铁丝头、钉尖、铁皮尖等露出笼舍平面，以防刮伤狐狸。②狐狸笼底距地面高度 60～80 厘米，以便清扫操作。③使用食碗喂食的笼舍，在笼内应用粗号铁丝安装一个食碗架，以防狐狸把盛有饲料的食碗拖走或弄翻，浪费饲料。④水盒应挂在狐狸笼的前侧，既便于冲洗添水，又便于狐狸饮用。

# 四、饲料与营养

狐狸的饲料分为哪几类?

狐狸的饲料分类见表 4-1。

表 4-1　饲料的分类及其种类

| 饲料类别 | | 饲料名称 |
|---|---|---|
| 动物性饲料 | 鱼类 | 海鱼和淡水鱼 |
| | 肉类 | 家畜、家禽、野生动物肉 |
| | 鱼、肉副产品 | 水产加工副产品（鱼头、鱼排、内脏及下脚料等），畜、禽副产品（内脏、头、蹄、尾、耳、骨架、血等） |
| | 软体动物 | 河蚌、赤贝、乌贼及虾类 |
| | 干动物性饲料 | 干鱼、鱼粉、肉骨粉、血粉、猪肝渣、羽毛粉、干蚕蛹粉、干蚕蛹、肉干等 |
| | 乳蛋类 | 牛、羊及其他动物乳，鸡蛋、鸭蛋，毛蛋、石蛋等 |
| 植物性饲料 | 作物籽实类 | 玉米、高粱、大麦、小麦、燕麦、大豆、谷子及其加工副产品 |
| | 油饼类 | 豆饼、棉籽饼、向日葵饼、亚麻籽饼等 |
| | 果蔬类 | 次等水果，各种蔬菜和野菜等 |
| 添加剂 | 维生素饲料 | 维生素 A、维生素 D、维生素 E、维生素 C、B 族维生素、麦芽、鱼肝油、酵母等 |
| | 矿物质饲料 | 骨粉、骨灰、石灰石粉、贝壳粉、食盐及人工配制的配合微量元素 |
| | 生物制剂 | 益生素、消化酶等 |
| 配合饲料 | 干粉料 | 浓缩料、预混料等 |
| | 鲜全价配合饲料（鲜贴食饲料） | |
| | 全价配合颗粒饲料 | |

**39** 鱼类饲料对狐狸的主要营养功能是什么？在狐狸日粮中的喂量是多少？

鱼类饲料是狐狸动物性蛋白质的主要来源之一。我国水域辽阔，鱼类资源丰富，价格低廉。除了河豚等有毒鱼类外，大多数海水鱼和淡水鱼都可作为狐狸的饲料。

在狐狸日粮中全部以鱼类为动物性饲料时，可占日粮重量的70%～75%。如果利用含脂肪高（大于 4%）的鱼，如带鱼、黄鲫、鲭和红鳍鲌等，比例应降到 55%～60%。无论如何，在全利用鱼类作为动物性饲料时都要比利用肉类饲料增加 20%～30%的用量，才能保证狐狸对蛋白质的需要。当多种鱼混合饲喂时，要注意维生素 $B_1$ 和维生素 E 的供给，从而保证良好的生产效果。

**40** 常用海鱼的种类及营养特点是什么？如何利用？

生产中常用的海鱼有比目鱼、小黄花鱼、孔鳐、黄姑鱼、红娘鱼、银鱼（面条鱼）、真鲷、二长棘鲷、带鱼、棱鱼、鳝、海鲶、鳗和鲅等 30 余种。由于鱼的大小和种类不同，其营养价值也不同，含热量也有差异。一般每 100 克海杂鱼中含能量 0.29～0.38 兆焦、可消化蛋白质 10～15 克。

新鲜的海鱼可以生喂，蛋白质消化率达 87%～92%，适口性也非常好；轻微变质腐败的海鱼，需要经过蒸煮消毒处理后才能进行饲喂，但蛋白质消化率大约降低 5%；严重腐败变质的海鱼不能饲喂，以防中毒事故的发生；有些海鱼的体表带有较多的蛋白质黏液，影响食欲，应加入 0.25%食盐搅拌（搅拌后注意用清水洗净，避免食盐中毒），或用热水浸烫去除黏液，从而提高适口性。

**41** 常用淡水鱼的种类及利用特点是什么？

饲喂狐狸的淡水鱼主要有鲤、鲫、白鲢、花鲢、黑鱼、狗鱼、泥鳅等。这些鱼特别是鲤科鱼，多数含有硫胺素酶，可破坏维生素 $B_1$。若日粮中 100%用淡水生鱼，初期狐狸的食欲及消化吸收没有异常表现，而 15～20 天后，食欲减退，消化机能紊乱，多数死于胃肠炎及胃溃疡等病，其根本原因就是维生素 $B_1$ 缺乏。因此，对淡水鱼的利用，需要采用蒸煮方法，通过高温破坏硫胺素酶，再进行饲喂。

**42** 常见的有毒鱼有哪些？如何利用？

常见的有毒鱼有河豚、鲐、竹荚鱼、鳕类等。

河豚毒性非常强，能耐高温，如加热 100℃ 经过 6 小时仅能破坏其一半的毒性，加热 115℃ 经过 9 小时才能使其完全失去毒性；耐酸，但易被碱类破坏和分解。

鲐、竹荚鱼等属于含高组织胺鱼类，也能引起狐狸中毒。一般新鲜的鲐喂狐狸不会引发中毒现象。但切忌喂眼发红、色泽不新鲜、鱼体无弹力和夜间着了露水的鲐（脱羧细菌已活动），即不新鲜的鲐，会引起狐狸中毒。

鳕类，如长时间大量饲喂，会引起狐狸贫血（缺铁）和绒毛呈絮状。新鲜的明太鱼直接饲喂会引起狐狸呕吐，但经过 6～7 天的冷冻保存后，此现象可消除。

**43** 饲喂狐狸的常用肉类饲料有哪些营养特点？如何合理利用？

肉类饲料营养价值高，是狐狸全价蛋白质的重要来源。它含有与狐狸机体相似数量和比例的全部必需氨基酸，同时，还含有脂肪、维生素和矿物质等营养物质。肉类的种类繁多，适口性好，来源广泛，可消化蛋白质为 18%～20%，生物价值高。

牛、马、骡、驴的肌肉一般含脂肪较少，而可消化蛋白质含量高（13%～20%），在日粮中动物蛋白质可以百分之百地利用肉类。但实际生产中，这样使用会造成较大浪费，所以最好不超过动物性饲料的 50%，要与其他动物性饲料合理搭配利用。日粮中较好的搭配比例（重量比）是肌肉 10%～20%、肉类副产品 30%～40%、鱼类 40%～50%。

给狐狸生喂健康新鲜的肉类，蛋白质消化率高（生马肉91.3%），适口性强。已污染或不新鲜的肉类应熟喂，但因熟制会使蛋白质凝固，消化率相应降低（熟马肉86.7%），适口性变差，同时营养物质受到一定量的损失，所以喂熟肉比喂生肉要增加8%～10%的用量。

**44** 利用肉类饲料时应注意哪些问题？

（1）肉类饲料经兽医卫生检疫合格后才能生喂

对病畜禽肉、来源不明的肉或可疑污染的肉类，必须经过兽医检查和高温无害处理后方可饲喂，否则易感染传染性疾病。如猪易患伪狂犬病，其临床症状不明显，如果将其肉误喂给狐狸，会引起全群性发病，造成大批死亡。

（2）死因不明的尸体肉类禁用

因为这些畜禽死亡后，没有及时冷冻，而尸体在25～37℃的缺氧条件下，正是肉毒梭菌繁殖产生外毒素的良好环境。如果用被污染并含有毒素的肉类饲喂狐狸，将出现全群性的中毒事故。

（3）利用痘猪肉时，需经过高温或高压热处理

①因为痘猪肉含有大量的绦虫蚴（囊尾蚴），虽然这些幼虫在狐狸的胃肠道中不能寄生，但从消化道排出体外会污染环境。②因为痘猪肉脂肪中含有的不饱和脂肪酸比牛、羊肉高，因此容易氧化变质，易造成消化系统障碍，引起动物拒食。

（4）不新鲜或疑似巴氏杆菌病的兔肉和禽肉必须熟喂，新鲜健康的兔肉和禽肉可以生喂

（5）犬肉一般要熟喂，以防犬瘟热等传染

（6）繁殖期严禁利用的肉类

严禁利用经己烯雌酚处理的肉类，否则会造成生殖机能紊乱，使受胎率和产仔数明显降低，严重时还可使全群不受孕。己烯雌酚耐热性强，熟喂也能引起繁殖障碍。繁殖期也不宜用种公牛和种公马的肉来饲喂。对给过药物的家畜肉用来作饲料，应检查有无危害。

（7）毛皮动物胴体的利用

对于狐狸、貉、貂等毛皮动物的胴体，不要同类动物的胴体饲喂同类动物，应交叉饲喂；而且在繁殖期最好不用。为避免某些疾病互相感染，最好熟喂。

**45** 鱼副产品和肉副产品对狐狸的主要营养功能是什么？

鱼类副产品和肉类副产品是狐狸动物性蛋白质来源的一部分。这类饲料中除了心脏、肝脏、肾脏外，大部分蛋白质消化率较低，生物学价值不高，主要原因是其中矿物质和结缔组织含量高，某些必需氨基酸含量过低或比例不当。因此，在利用时要注意同其他饲料的搭配。肉类副产品一般占动物性饲料的30％～40％。

**46** 常用鱼副产品有哪些？

鱼头、鱼排、鱼皮、鱼内脏及其他下脚料，这些废弃物都可以用来饲喂狐狸。但利用时要注意，新鲜的鱼头和鱼排可以生喂；新鲜程度较差的鱼类副产品应熟喂，特别是内脏不易保鲜，熟喂比较安全。

**47** 常用肉类副产品及其利用特点是什么？

常用肉类副产品主要包括畜禽的头、蹄、骨架、内脏和血液等。

（1）肝脏（摘除胆囊）

肝脏是较理想的全价蛋白质饲料，含有全部必需氨基酸、多种维生素（维生素A、维生素D、维生素K、维生素E、维生素$B_1$、维生素$B_2$）和微量元素（铁、铜、钴等）。特别是维生素A和维生素B含量非常丰富，在狐狸的妊娠期和哺乳期日粮中加入新鲜肝脏（5％～10％）能显著提高适口性和弥补多种维生素的不足。新鲜的健康动物肝脏应生喂；来源不明、新鲜程度差或可疑污染的应熟喂；经过卫生检验允许作饲料用的病畜、禽的肝脏，需经过高温或高压热处理后再喂。肝脏有轻泻作用，故喂量不宜过多，一般可以占动物性饲料的 15％～20％。

（2）心脏和肾脏

心脏和肾脏是全价蛋白质饲料，同时还含有多种维生素，但总的来说，生物学价值不及肝脏高。健康动物的心脏和肾脏适口性好，消化率高，可以生喂。患病动物的心脏和肾脏必须熟喂。

（3）胃

胃的蛋白质不全价，生物学价值较低，需与肉类或鱼类搭配使用。新鲜洁净的牛、羊胃可以生喂，而猪、兔的胃必须熟喂。腐败变质的胃，不能饲喂。喂量在繁殖期可占狐狸日粮中动物性饲料的 20％～30％，幼狐狸生长发育期可占 30％～40％。

（4）肺、肠、脾和子宫

肺、肠、脾和子宫的蛋白质生物学价值不高。这些副产品与肉类、鱼类及兔杂混合搭配，能取得良好的生产效果。通常在繁殖期，混合副产品可占日粮总能的 10％～15％，非繁殖季节可占 25％～30％，幼狐狸育成期可占 40％～50％。肺、肠、脾和子宫必须熟喂。

（5）兔头、兔骨架和兔耳

兔头、兔骨架和兔耳是狐狸繁殖期及幼狐育成期良好的饲料。但由于兔头和兔骨架中含有大量灰分，因此大量利用能降低蛋白质和脂肪的消化率。所以一般在繁殖期，混合兔副产品可占日粮动物性饲料的 15％～25％，幼狐育成期可占 40％～50％。经兽医卫生检疫合格的兔副产品可以生喂，如已污染或可疑者则熟喂比较安全。

（6）食道、喉头和气管

食道营养价值与肌肉无明显区别，在妊娠和哺乳期，牛的食道可占日粮中动物性蛋白质的 20％～35％。喉头和气管是良好的蛋白质饲料，在幼狐狸生长发育期，可占日粮动物性饲料的 20％～25％。繁殖期利用，要摘除附着的甲状腺和甲状旁腺。

（7）乳房和睾丸

乳房和睾丸在非繁殖期可以利用。乳房含结缔组织较多，蛋白质生物学价值低，脂肪含量高（牛乳房蛋白 12％、脂肪 13％）。因此，喂量过大可使食欲减退，营养不良。睾丸在准备配种期喂给母狐狸，不利于繁殖；喂给公狐狸，对性活动有一定促进作用。

（8）血液

血液含较高的蛋白质、脂肪及丰富的无机盐类（铁、钠、钾、氯、钙、磷、镁等）。新鲜健康动物的血液（屠宰后不超过 6 小时）可以生喂，喂量适当能提高适口性，增加食欲；喂量过多时，会引起腹泻。一般在繁殖期喂量可占日粮中动物性蛋白质的 10％～15％，幼狐狸生长发育期占 30％左右。血液极易腐败变质，失鲜的血液要熟喂，腐败变质的血液不能饲喂。

（9）脑

脑的蛋白质生物学价值很高，不仅含有全部必需氨基酸，还含有丰富的脑磷脂，特别是对狐狸生殖器官的发育有促进作用，故常称为催情饲料。一般在准备配种期和配种期可适当饲喂（狐狸 6～9 克/天）。脑中脂肪的含量较高，饲喂过多能引起食欲减退。

（10）鸡头、鸭头和爪

在狐狸生长发育和冬毛生长期，鸡头、鸭头和爪可作为日粮动物性蛋白质的主要来源（禽类副产品占日粮 70％，其中内脏 20％、头 30％、爪 20％），生产效果很好。

**48** 常用软体动物及其利用特点是什么？

常用软体动物有河蚌、赤贝、乌贼类及虾类等，除含有部分蛋白质外，每 100 克中还含有 200 国际单位的维生素 A 和丰富的维生素 D 原。在幼狐狸生长发育期可以广泛应用。但软体动物肉中蛋白质多属硬蛋白，生物学价值较低，并含有硫胺素酶，要熟喂。一般熟河蚌肉或赤贝肉占日粮中动物性蛋白质的 10％～15％，最大喂量不超过 20％，河虾和海虾的喂量不超过 20％。

**49** 常用干动物性饲料有哪些？

干动物性饲料主要包括水产品加工厂生产的鱼粉，肉联厂生产的肉粉、肉骨粉、肝渣粉、羽毛粉等，缫丝工业副产品的干蚕蛹粉，淡水干杂鱼和海水鱼的干杂鱼等。

（1）鱼粉

鱼粉是优质的动物性蛋白质饲料。蛋白质含量最高的达 65% 以上，最低 55%，含盐量为 2.5%～4%，含有全部必需氨基酸，生物学价值高。质量好的鱼粉喂量可占动物性饲料的 20%～25%。鱼粉最好是真空速冻干燥的。

（2）干鱼

干鱼是狐狸良好的蛋白质饲料。质量好的干鱼各生产时期都可以大量利用，一般不低于动物性饲料的 70%～75%，个别时期可达到 100%。利用干鱼的关键是注意其质量。在晒制过程中，干鱼中的某些必需氨基酸、脂肪酸和维生素遭到不同程度的破坏，因而应尽量避免在日粮中单纯使用干鱼作为动物性饲料，要与新鲜的鱼、肉、肝、奶、蛋等动物性饲料搭配使用，同时还要注意增加酵母、维生素 $B_1$、鱼肝油和维生素 E 的喂量，特别是在繁殖期更应如此。

（3）肝渣粉

肝渣粉是利用牛、羊、猪的肝脏提取 B 族维生素和肝浸膏的副产品，经过干燥粉碎而成。其营养物质含量分别为水分 7.3% 左右、粗蛋白质 65%～67%、粗脂肪 14%～15%、无氮浸出物 8.8%、灰分 3.1%。这样的肝渣粉经过浸泡后，可以与其他动物性饲料搭配饲喂。但因狐狸对其消化率特别低，所以喂量过大能引起腹泻。一般在繁殖期可占动物性饲料的 8%～10%，幼狐狸育成期和毛绒生长期占 20%～25%。肝渣粉在保存的过程中，极易吸湿而腐败变质，如果喂变质的肝渣粉可引起母狐后肢麻痹、全窝死胎、烂胎、仔狐狸大量死亡（死亡率达 75%）。

（4）血粉

血粉中富含铁，粗蛋白质含量在 80% 以上，赖氨酸含量高达 7%～8%，但缺乏蛋氨酸、异亮氨酸和甘氨酸，且适口性差，消化率低，喂量不宜过多。一般经过煮沸的血粉，可占幼狐狸育成期和毛绒生长期日粮中动物性饲料的 2%～4%，繁殖期占 1%。

(5) 蚕蛹和蚕蛹粉

蚕蛹和蚕蛹粉含有丰富的蛋白质和脂肪，营养价值较高。但因蚕蛹或蚕蛹粉中含有残存的碱类会引起胃肠道疾病，因此，在幼狐狸育成期和毛绒生长期，蚕蛹蛋白不能高于日粮中蛋白质的30％，繁殖期可占5％～15％，且饲喂前，要彻底浸泡再经过蒸煮加工，然后与鱼、肉饲料一起经过绞肉机粉碎后饲喂。

(6) 羽毛粉

羽毛粉一般含粗蛋白质80％左右，蛋白质中含有丰富的胱氨酸（占8.7％），同时含有大量的谷氨酸（10％）、丝氨酸（10.22％），这些氨基酸是毛绒生长所必需的物质。在春季和秋季脱换毛的前1个月日粮中加入一定量的羽毛粉（占动物性饲料的1％～2％），连续饲喂3个月左右，可以减少患自咬病和食毛症。羽毛粉中含有大量的角质蛋白，难以被消化吸收，故多数养狐狸场将其与谷物饲料通过蒸熟制成窝头，提高消化率。

(7) 肠衣粉、赤贝粉、残蛋粉及肝边、气管、肺、胃、腺体等干副产品

这些副产品或废弃品粗蛋白质含量较高（绝大多数在50％以上），但其在干制前蛋白质就不全价，某些必需氨基酸含量不足或缺乏，同时在高温干制的过程中有部分被破坏，加之难于消化，适口性差，所以其营养价值大大降低。在利用时要与鲜鱼、肉类搭配使用，用量占日粮中可消化蛋白质的20％～30％，超过这个比例将影响幼狐狸生长发育和毛绒质量。

## 50 乳制品的营养特点是什么？如何利用？

乳制品是狐狸全价蛋白质饲料的来源，含有全部的必需氨基酸，而且各种氨基酸的比例与狐狸的需要相近，同时非常容易被消化吸收。另外，还含有营养价值很高的脂肪、多种维生素及易于吸收的矿物质。

(1) 鲜乳

鲜乳（牛乳和羊乳）是狐狸繁殖期和幼狐狸生长发育期的优良

蛋白质饲料。在母狐狸妊娠期的日粮中加入鲜乳，有自然催乳的作用，可以提高母狐狸的泌乳能力和促进幼狐狸的生长发育。一般母狐狸喂鲜乳量为 30～40 克/天，或占日粮重量的 20%，最多不超过 60克/天。鲜乳极易腐败变质，特别是夏季，放置 4～5 小时就会酸败。饲喂给狐狸的鲜乳需加热至 70～80℃，经过 15 分钟的消毒。饲喂鲜乳时应注意，鲜乳中含有较多的乳糖和无机盐，有轻泻的作用，喂量不能过多；当发现乳蛋白大量凝固时，说明已经酸败，不能饲喂。

（2）脱脂乳

脱脂乳是将鲜乳中的大部分脂肪脱去而剩余的部分，一般含脂肪 0.1%～1%，蛋白质 3%～4%，对狐狸繁殖和生长有良好的作用。脱脂乳是提高日粮蛋白质生物学价值的强化饲料。断乳的幼狐狸，每日可喂脱脂乳 40～80 克，占日粮总量的 20%～30%。

（3）酸凝乳

用全乳或脱脂乳可以制成酸凝乳。酸凝乳是狐狸良好的蛋白质饲料，但我国利用的较少，国外应用较多。酸凝乳可替代动物性蛋白质 30%～50%，在日粮中占动物性蛋白质的 50%～60%。

（4）乳粉

乳粉是狐狸珍贵的浓缩蛋白质饲料。全脂乳粉含蛋白质25%～28%，脂肪 25%～28%。1 千克乳粉，可加水 7～8 千克，调制成乳粉汁，与新鲜乳基本相同，只是维生素和糖类稍有损失。乳粉要现用现冲，一般冲后放置的时间不超过 3 小时，否则容易造成腐败变质。

**51** 蛋类的营养特点是什么？如何利用？

常用的蛋类有新鲜的鸡蛋、鸭蛋、毛蛋和石蛋等，是狐狸较好的蛋白质饲料，含有营养价值很高的脂肪、多种维生素和矿物质，具有较高的生物学价值。含水量为 70%左右，蛋白质 13%，脂肪 11%～15%。在狐狸的准备配种期，能供给种公狐狸少量的蛋类（每日每千克体重 10～15 克），对提高精液品质和增强精子活力有良好作用。哺乳期对高产母狐狸每日每千克体重供给 20 克蛋类，对胚胎发育和提高初生仔狐狸的生活力有显著的作用。蛋清中含有一种抗生物素蛋白，能与维生素 H 相结合，形成无生物学活性的复合体抗生物素蛋白。长期饲喂生蛋，生物素的活性就要长期受到抑制，使狐狸发生皮肤炎和毛绒脱落等症。蒸煮能破坏生蛋中的抗生物素蛋白，从而保证生物素供给。蛋类须保证新鲜，并经蒸煮脱皮后才能饲喂。

**52** 植物性饲料对狐狸的主要营养功用是什么？

植物性饲料包括谷物、油类作物的籽实和水果、蔬菜，是狐狸碳水化合物的重要来源，也是能量的基本来源。

**53** 适于饲喂狐狸的植物性饲料主要有哪些？如何利用？

适于饲喂狐狸的植物性饲料包括谷物、饼（粕）和果蔬 3 类。

（1）谷物饲料

谷物饲料是狐狸日粮中糖类的主要来源。常用的有玉米、高粱、小麦、大麦、大豆等。谷物饲料一般占狐狸日粮总量的15％～20％（指熟制品）。狐狸对生谷物的消化率较低，必须粉碎后蒸成窝头或制成烤糕。谷物含水量达 15％以上时，容易发霉变质，变质的谷物严禁喂狐狸。多种谷物搭配比单一谷物好。大豆的比例不应超过谷物总量的 30％，否则会引起腹泻。大豆可制成豆汁喂狐狸，饲喂时用量不能超过日粮重量的 5％。其方法是将大豆浸泡10～12 小时，然后粉碎煮沸，用粗布过滤，即得豆汁，冷却后，加入饲料；也可采用简易制作的方法，将大豆用粉碎机加工成细面，按 1 千克豆面加 8～10 升水，用锅煮沸，不用过滤即可应用。

（2）饼、粕类饲料

大豆饼、粕，亚麻饼，向日葵饼和花生饼中均含有丰富的蛋白质，但狐狸对植物性蛋白质消化率很低，因此，在日粮中比例不宜过大。饼、粕类饲料应经蒸煮后熟喂，生喂不易被狐狸消化，喂量不宜超过谷物饲料的 20％，否则会引起狐狸消化不良和下痢。

（3）果蔬类饲料

果蔬类饲料一般占日粮总量的 10％～15％。常用的有白菜、甘蓝、油菜、胡萝卜、菠菜等。菠菜有轻泻作用，一般与白菜混合使用。未腐烂的次品水果也可以代替蔬菜喂给。早春缺乏蔬菜时，可采集蒲公英等野菜喂狐狸。

**54** 玉米、高粱、小麦、大麦及糠麸的营养特点及如何利用？

在狐狸日粮中，玉米、高粱、小麦、大麦利用得非常广泛，它们含有 70％～80％的碳水化合物（主要是淀粉），是热能的主要来源之一。狐狸能很好地消化熟谷物中的淀粉，消化率 91％～96％，而对生谷物淀粉的消化率低。狐狸日粮中的谷物粉最好采取多样混合，其比例为玉米粉、高粱粉、小麦粉和小麦麸各等份，也可采用玉米粉、小麦粉、小麦麸按 2：1：1 混合。饲喂狐狸的玉米、高粱、小麦、大麦要经充分晒干，如果含水量达 15％以上或相对湿度达80％～85％，霉菌就会大量繁殖，结果使谷物发霉，产生黑色的斑点和霉败气味。糠麸含有丰富的 B 族维生素和较多的纤维素，狐狸对纤维素消化能力较差（0.5％～3％），多数纤维素不能被消化而从粪便中排出体外。所以最好不用。

**55** 大豆、蚕豆、绿豆和赤豆等的营养特点及如何利用？

豆类作物中的大豆、蚕豆、绿豆和赤豆等，是狐狸植物性蛋白质的重要来源，同时还含有一定量的脂肪。在日粮中，大豆利用得较多，蚕豆、绿豆和赤豆利用得较少。

大豆含蛋白质 36.3％，脂肪 8.4％，碳水化合物 25％。大豆蛋白质中含有全部的必需氨基酸，但与肉类饲料相比，蛋氨酸、胱氨酸和色氨酸的含量较低，蛋白质生物学价值相应较低。大豆粉与牛肉、小麦粉、小米粉混合饲喂，可明显提高蛋白质生物学价值。大豆含丰富的脂肪，利用过多会引起消化不良，一般占日粮中谷物饲料的 20%～25%，最大用量不超过 30%。

### 56 饼粕类饲料的营养特点及如何利用？

饼粕类饲料包括向日葵饼（粕）、亚麻饼（粕）、大豆饼（粕）和花生饼（粕）等，是油料作物（芝麻、亚麻籽、花生、向日葵等）脱油加工后的副产品。含有丰富的蛋白质（34%～45%）和其他的营养物质。油料作物本身在狐狸饲料中利用得比较少，但向日葵饼（粕）、亚麻饼（粕）、大豆饼（粕）和花生饼（粕）等在狐狸日粮中可以较多地利用，一般占日粮总量的 30% 左右。

### 57 果蔬类饲料的营养特点及如何利用？

果蔬类饲料包括叶菜、野菜、牧草、块根、块茎及瓜果等。这类饲料能供给狐狸所需要的维生素 E、维生素 K 和维生素 C 等，同时能供给可溶性的无机盐类，可促进食欲及帮助消化纤维素。

（1）叶菜

常用的有白菜、菠菜、甘蓝、生菜、油菜、甜菜叶和苋菜等。叶菜含有丰富的维生素和矿物质。狐狸日粮中可添加 10%～15% 的叶菜（每日每千克体重 30～50 克）。

（2）野菜和牧草

在北方早春蔬菜来源困难时，可以采集蒲公英、荠菜、荨麻和苣荬菜等，或利用嫩苜蓿来饲喂狐狸，用量可占日粮的3%～5%。

（3）块根和块茎

块根和块茎包括萝卜、胡萝卜、甜菜、甘薯和马铃薯等。萝卜和胡萝卜可与叶菜各占 50% 搭配饲喂，以免单独饲喂时引起狐狸消化不良或影响食欲。马铃薯和甜菜如果当蔬菜饲喂，可少量地与其他蔬菜搭配。甘薯和马铃薯含有丰富的碳水化合物，特别是淀粉，占干物质的 70%～80%，在狐狸日粮中可代替部分谷物饲料，但要熟喂（熟淀粉消化率80%，生淀粉的消化率只有30%）。

（4）瓜果类饲料

瓜果类饲料包括西葫芦、西红柿、南瓜、苹果、梨、李子、山楂、山里红、鲜枣、野蔷薇果、松叶等。夏季可用西葫芦和西红柿代替日粮中蔬菜量的 $30\%\sim50\%$，一般与叶菜搭配饲喂较好。南瓜含有丰富的碳水化合物，多在秋季饲喂，经过蒸煮处理后，可代替部分谷物。水果产区的次等水果（苹果、梨、李子等）含有丰富的维生素 C、糖和有机酸类，只要不腐烂变质，都可以用来代替蔬菜饲喂狐狸。在妊娠期和产仔期，为了给母狐狸补充维生素 C，可饲喂富含维生素 C 的水果，如山楂、山里红，每日每千克体重喂量为 $3\sim4$ 克，喂量太多会影响食欲。

**58** 钙和磷对狐狸的主要功用是什么？日粮中的适宜比例是多少？

钙和磷是构成狐狸骨骼和牙齿的重要成分，尚有一少部分存在于血清、淋巴液及软组织中。幼狐狸及妊娠、哺乳母狐狸对钙和磷的需要量较大。

由于狐狸机体是按一定比例吸收钙和磷的，所以日粮中补磷还是补钙，或磷、钙一起补，应根据日粮中磷、钙含量来确定。钙和磷的适宜比例一般为（$2\sim1$）：1。骨粉含 $30\%$ 以上的钙、$15\%$ 以上的磷，是最好的补充饲料。碳酸钙、乳酸钙、蛎粉、蛋壳粉主要含钙；磷酸氢钙主要含磷。

**59** 狐狸主要矿物质饲料的来源及利用特点是什么？

（1）钙、磷添加剂

常用的钙、磷添加剂有骨粉、蛎粉、蛋壳粉、骨灰、白垩粉、石灰石粉、蚌壳粉、三钙磷酸盐等。幼狐狸对钙的需要量占日粮干物质的 $0.5\%\sim0.6\%$，磷占 $0.4\%\sim0.5\%$。日粮中钙、磷的含量一般能满足需要，但其钙与磷的比例往往不当，特别是以去骨的肉类、肉类副产品、鱼类饲料为主的日粮，磷的含量比钙高。为使钙、磷达到适当的比例，应在上述的肉类副产品中每日每千克体重添加骨粉或骨灰 $2\sim4$ 克，鱼类饲料中每日每千克体重添加蛎粉、白垩粉或蛋壳粉 $1\sim2$ 克。

（2）钠、氯添加剂

食盐是钠和氯的主要补充饲料。单纯依靠饲料中含有的钠和氯，狐狸有时会感到不足，因此要以小剂量（每日每千克体重0.5～1克）不断补给，才能维持正常的代谢。但在狐狸饲养过程中经常出现由于添加过多或饲料中含有的食盐量过多而引起的食盐中毒现象。

（3）铁添加剂

在狐狸饲养过程中，当大量利用生鳕、明太鱼时，会造成机体对铁的吸收障碍，发生贫血症。因此，常采用硫酸亚铁、乳酸铁、枸橼酸铁等添加剂来补充。幼狐狸生长期和母狐狸妊娠期对铁的需要量增加。为了防止贫血症和灰白色绒毛的出现，每周可投喂硫酸亚铁2～3次，每次喂量为每日每千克体重5～7毫克。

（4）铜添加剂

狐狸日粮中缺铜时，也能发生贫血症。但狐狸对铜的需要量，目前研究得还很不够。美国和芬兰等国，在配合饲料或混合谷物中铜占0.003%。

（5）钴添加剂

钴在狐狸的繁殖过程中起一定作用。当日粮中缺乏钴时，狐狸的繁殖力下降。通常利用氯化钴和硝酸钴作为钴的添加剂。

**60** 抗生素饲料的作用及利用特点是什么？

在狐狸饲养过程中，可经常小剂量地利用抗生素，如粗制的土霉素、四环素等。抗生素虽然没有直接的营养作用，但对抑制有害微生物繁殖和防止饲料腐败有重要意义。在妊娠、哺乳和幼狐狸生长发育期，如果饲料新鲜程度较差，可加入粗制土霉素或四环素，添加量占日粮的0.1%～0.2%，即每日每千克体重0.3～0.5克，最多不超过1克。恢复健康后或饲料新鲜时，最好不要加抗生素。

**61** 什么是干配合饲料？有哪些优点？

干配合饲料是以优质鱼粉、肉粉、肝粉、血粉等作为动物性蛋白质的主要来源，配合谷物粉及氨基酸、矿物质、维生素等添加剂，通过工厂化工艺程序配制而成。分为颗粒状和粉末状两种。配方中注意各种营养物质的配合，可保证营养的全价性，基本上可满足狐狸各生长发育阶段和生产时期的营养需要，饲喂效果较好。由于干配合饲料成本较低，营养全价，易贮、易运，饲喂方便，省工省时，有很高的推广应用价值。目前我国狐狸用的干配合饲料有全价颗粒饲料和全价配合饲料（粉状料）。

**62** **什么是鲜全价配合饲料？有哪些优点？**

鲜全价配合饲料简称鲜贴食饲料，是用新鲜的动物性饲料和植物性饲料原料等，经科学组方合理搭配后直接绞碎，加入预混料精制而成的全价配合饲料。它保留了饲料原料的营养成分和生物活性物质不被破坏，能满足狐狸不同生长时期的营养需要，狐狸喜食、适口性好，符合传统饲喂模式，饲养者容易接受，所饲养的狐狸能获得理想的生产能力和产品质量。世界狐狸养殖水平较高的加拿大、芬兰等国，均采用鲜配合饲料饲喂模式，所获得产品和种狐狸均位于世界领先地位。

**63** **怎样正确使用配合饲料？**

干配合饲料使用前要有5～7天逐渐增料的适应过渡期，以防因饲料突变而引起消化不良等应激反应。鲜配合饲料饲喂前，如果是自配鲜料转换，可以不用过渡期；如果是干配合饲料转换，则需3～5天的过渡。

干配合饲料喂前0.5～1小时要进行水浸，以软化干料，提高消化率，水温不要超过40℃，以防某些营养物质遭到破坏。鲜配合饲料可取来即喂，鲜冻料要缓冻后饲喂。

另外，要严格按厂家的使用说明书饲喂。不同厂家、生产型号或生产时期（阶段）的配合饲料，使用方法各异，所以不要自行做主滥用。尤其是不能将不同厂家生产的不同品牌的饲料混用。

**64** 贮藏好狐狸饲料有什么重要意义?

当前,我国各地养狐狸场大多数仍为利用新鲜动物性和植物性饲料配制日粮。为保证饲料品质,需要进行合理的贮藏。若饲料贮藏不当,轻则饲料营养物质流失或被破坏,使动物食后逐渐表现出营养不良症状;重则引起饲料中毒,大批死亡,给养殖场造成巨大经济损失。所以,做好狐狸饲料的贮藏保鲜工作具有重要意义。

**65** 怎样贮藏动物性饲料?

动物性饲料的贮藏方法较多,常用的有低温贮藏、高温贮藏、干燥保存和盐渍贮藏等方法。

(1)低温贮藏

大中型养狐狸场往往使用冷库贮藏。库房内的温度应维持在－15℃以下。个体户可用电冰箱保存饲料,也可因地制宜修建各种土冰库。

(2)高温贮藏

高温可杀灭各种微生物。新购回的鲜鱼或肉,一时喂不完的可放锅中煮(或蒸)熟,取出放阴凉处,夏季用此法能保鲜1天左右。

(3)干燥保存

在炎热干燥的季节里,将新鲜肉类饲料煮沸20分钟后切成片,鱼类饲料除去内脏(小鱼不用去内脏),在室内摊开晾干,或在干燥室、铁锅内烘烤,使其彻底干燥。然后,将干好的动物性饲料装在草袋里,贮存于干燥、密闭的室内,地面要垫上石头和晒干的稻壳,以防受潮。用这种方法动物性饲料可以贮存较长的时间。

(4)盐渍贮藏

将鲜饲料置于水泥池或大缸中(水池或缸应在阴凉之处),用高浓度盐水溶液浸泡,以液面浸过饲料为度,用石头或木板压实。这种方法可以保存饲料1个月以上。但盐渍时间越长,饲料盐分含量越高,使用前必须用清水浸泡脱盐。至少要浸泡24小时,中间要换水数次，并经常搅动，脱净盐分，否则易使动物发生食盐中毒。

## 66 怎样贮藏植物性饲料？

谷物饲料贮藏的主要技术措施是密闭防潮，合理堆放和严防害虫。

果蔬类饲料喜冷凉湿润，贮藏适宜温度为 $0℃\pm0.5℃$，相对湿度为 $95\%\sim98\%$。贮藏温度过高，果蔬类饲料容易腐烂，而且很快衰老，从而缩短贮藏时间。常用的贮藏方法主要有窖藏、通风贮藏、埋藏，也有的在大型库内采用机械辅助通风或机械制冷贮藏。

## 67 为什么要对饲料品质进行鉴定？怎样进行鉴定？

饲料的品质直接影响到狐狸的健康和生产性能等，因此饲料品质的鉴定显得十分重要。

（1）肉类饲料品质的鉴定

肉类饲料品质的鉴定，主要包括外观观察和 pH 测定。

1）外观观察　见表 4-2。

表 4-2　肉类饲料新鲜度的鉴定

| 鉴定项目 | 新　鲜 | 不新鲜 | 腐　败 |
| --- | --- | --- | --- |
| 外观 | 肉表面微干燥，外膜呈淡红色，切面湿润、不发黏 | 肉表面风干，灰暗；外膜或潮湿发黏，切面潮湿发黏 | 肉表面很干或很潮，呈淡绿色，发黏发霉，切面暗灰色或淡绿色 |
| 硬度 | 切面质地紧密、有弹性 | 切面发软，弹性小，指压不能复原 | 无弹性，指轻压可刺穿肌肉 |
| 气味 | 具本品种肉的特有气味 | 略带霉味 | 肌肉深、浅层均有异味 |
| 脂肪 | 无酸败或苦味，呈黄或淡黄色，组织柔软 | 呈灰色，无光，粘手，有轻微酸败味 | 污秽有黏液，发霉呈绿色，具强烈的酸败味 |

2）pH测定　用蒸馏水浸湿红色和呈蓝色的石蕊试纸2条，贴于刚切开的肉面上，经数分钟观察试纸的颜色变化。若蓝色试纸变红，则呈酸性；若不变色，则呈中性；若红色试纸变蓝，则呈碱性。凡呈碱性的肉，均已经变质。

（2）鱼类饲料品质的鉴定

鱼类饲料品质的鉴定，主要包括外观观察和pH测定。

1）外观观察　根据表4-3中各项指标确定其新鲜程度。

表4-3　鱼类饲料新鲜度的鉴定

| 鉴定项目 | 新　鲜 | 不新鲜 | 腐　败 |
|---|---|---|---|
| 尸体 | 僵硬或稍软，手拿鱼头尾朝上能竖立 | 发软，弹性差 | 无弹性，鱼体不能竖立 |
| 腹部 | 有弹性 | 弹性差 | 无弹性，肌肉松软 |
| 鳞片 | 完整，有光泽 | 失去固有光泽，脱落少 | 灰暗，脱落较多 |
| 腮 | 颜色正常，无异味 | 变暗或呈紫红色，黏液多 | 有腐败异味 |

2）pH测定　切取鱼肉10克，切碎，加100毫升蒸馏水，浸泡15分钟，间断振摇，用滤纸过滤，再用pH试纸检测。鲜鱼pH为6.8～7.2，当pH大于7.2（碱性）时，说明已经变质。

（3）蛋类饲料品质的鉴定

新鲜蛋的蛋壳表面有一层粉状物（即胶质薄膜），蛋壳清洁完整，颜色鲜艳，打开后蛋黄凸起、完整并带有韧性，蛋白澄清透明，稀稠分明。受潮蛋的蛋壳有大理石状斑纹或污秽。孵化蛋表面光滑并有反射光。变质蛋蛋壳灰乌并带有油质，常可嗅到腐败气味。

（4）乳品饲料品质的鉴定

奶类新鲜程度应根据色泽、状态、气味和滋味鉴定。正常鲜乳呈乳白或乳黄色，均匀不透明，无沉淀，无杂质，煮沸后无凝块，具特有的香味，可口稍甜。不正常乳呈淡蓝色、淡红色或粉红色，黏滑,煮沸有絮状物或有多量凝乳块,具有葱蒜味、苦味、酸味、金属味及其他外来气味。不正常乳往往由乳房炎、饲料、容器或贮存不当等原因引起。

(5) 干动物性饲料和干配合饲料品质的鉴定

鉴定干动物性饲料和干配合饲料时,应注意颜色、滋味、气味和干湿度。凡失去固有颜色,粉粒结团,长有绿色或黄色霉菌,发出刺鼻的异味,舔尝时有哈喇味(即脂肪腐败味),说明已经变质,不能使用。

(6) 谷物、蔬菜和水果类饲料品质的鉴定

1) 谷物饲料　在贮藏不当的情况下,受酶和微生物的作用,易引起发热和变质。鉴定谷物饲料,主要根据色泽是否正常,颗粒是否整齐,有无霉变及异味等加以判断。凡外观变色发霉,生虫,有霉味、酸臭味,舔尝时有酸苦等刺激味,触摸时有潮湿感或结成团块者,均不能用。

2) 水果和蔬菜类饲料　新鲜的果蔬饲料具有本品种固有的色泽和气味,表面不黏。失鲜或变质的果蔬色泽晦暗、发黄并有异味;表面发黏,有时发热。

**68 应怎样对各类饲料进行加工?**

(1) 鱼类饲料的加工

新鲜的海杂鱼,洗去泥土和杂质后粉碎生喂。品质虽然较差但还可以生喂的鱼,首先要用清水充分洗涤,然后用 0.05% 的高锰酸钾溶液浸泡消毒 5~10 分钟,再用清水洗涤一遍,方可粉碎加工生喂。变质腐败的鱼类饲料,不能加工饲喂。表面带有大量黏液的鱼,按 2.5% 的比例加盐搅拌,或者用热水浸烫,除去黏液。味苦的鱼,除去内脏后蒸煮熟喂。自然晾晒的干鱼,一般都含有 5%~30% 的盐,饲喂前必须用清水充分浸泡;冬季浸泡 2~3 天,每天换水 2 次,夏季浸泡 1 天或稍长一点时间,换水 3~4 次。没有加盐的干鱼,浸泡 12 小时即可达到软化的目的,浸泡后的干鱼经粉碎处理,再同其他饲料混合调制生喂。咸鱼在使用前要切成小块,

用海水浸泡 24 小时，再用淡水浸泡 12 小时左右，换水 3～4 次，待盐分彻底浸出后方可使用。

淡水鱼需经熟制后方可饲喂。熟制的目的是杀死病原体（细菌或病毒）及破坏有害物质。淡水鱼熟制时间不必太长，达到消毒和破坏硫胺素酶的目的即可。为减少营养物质的流失，要尽量采取蒸的方式，如蒸汽高压（9.8～19.6 帕斯卡）或短时间煮沸等。

质量好的鱼粉，经过 2～3 次换水浸泡 3～4 小时，去掉多余的盐分，即可与其他饲料混合调制生喂。

（2）肉类饲料的加工

经过检疫合格的牛羊肉、兔碎肉、肝脏、胃、肾、心脏及鲜血等，要彻底解冻，去掉大的脂肪块，洗去泥土和杂质后粉碎生喂。品质虽然较差但还可以生喂的动物肉，首先要用清水充分洗涤，然后用 0.05％的高锰酸钾溶液浸泡消毒 5～10 分钟，再用清水洗涤一遍，方可粉碎加工生喂。轻度腐败变质和污染的肉类，需经熟制后方可饲喂。死亡的动物尸体、废弃的肉类和痘猪肉等应用高压蒸煮法处理，从而既达到消毒的目的，又可去掉部分脂肪。变质腐败的肉类饲料，不能加工饲喂。对于难以消化的蚕蛹粉，可与谷物混合蒸煮后饲喂。高温干燥的猪肝渣和血粉等，除了浸泡加工之外，还要经蒸煮，以达到充分软化的目的，提高消化率。

（3）乳类和蛋类饲料的加工

牛乳或羊乳，喂前需经消毒处理，一般用锅加热至 70～80℃，保持 15 分钟，冷却后待用。酸败的乳类（加热凝固成块）不能用来饲喂。鲜乳按 1∶3 加水调制。乳粉按 1∶7 加水调制，然后加入混合饲料中搅拌均匀后饲喂。

蛋类（鸡蛋、鸭蛋、毛蛋、石蛋等）均需去皮后熟喂，这样除了能预防生物素被破坏外，还可以消除沙门氏菌类的传播。

（4）谷物饲料的加工

谷物饲料要粉碎成粉状，去掉粗糙的皮壳，熟制成窝头或烤糕的形式，1 千克谷物粉可制成 1.8～2 千克成品。狐狸养殖专业户、个体户，可把谷物粉事先用锅炒熟，然后将炒面按 1∶（1.5～2）

加水浸泡 2 小时，加入混合饲料饲喂；也可将谷物粉制成粥混合到日粮中饲喂。目前生产中广泛使用膨化玉米。

大豆可制成豆汁。将大豆浸泡 10～12 小时，然后粉碎煮熟，用粗布过滤，即得豆汁，冷却后加入混合饲料中。也可以采用简易制作方法，即将大豆粉碎成细面，按 1 千克豆面加 8～10 千克水，用锅煮熟，不用过滤即可饲喂。

（5）蔬菜和水果饲料的加工

蔬菜要去掉泥土，削去根和腐败部分，洗净搅碎饲喂。严禁把大量叶菜堆积或长时间浸泡，否则易发生亚硝酸盐中毒。叶菜在水中浸泡时间不得超过 4 小时，洗净的叶菜不要和热饲料放在一起。冬季可用质量好的冻菜，窖贮的大头菜、白菜等，其腐败部分不能利用。春季马铃薯芽眼部分，含有较多的龙葵素，需熟喂，否则易引起中毒。

山楂、山里红、红枣、松叶等喂前应洗净，加水捣碎，挤出液汁，再把液汁加入混合饲料中饲喂。

（6）酵母的加工

常用的有药用酵母、饲料酵母、面包酵母和啤酒酵母。药用酵母和饲料酵母是经过高温处理的，酵母菌已被杀死，可直接加入混合饲料中饲喂。面包酵母和啤酒酵母是活菌，喂前需加热杀死酵母菌。其方法是把酵母先放在冷水中搅匀，然后加热到 70～80℃，保持 15 分钟即可。少量的酵母也可采用沸水杀死酵母菌的办法。如果不杀死酵母菌（或没有完全杀死），可引起饲料发酵，使狐发生胃肠臌胀症。加热的温度不宜过高，时间不宜过长，以免破坏酵母中的维生素。酵母受潮后发霉变质，不能用来饲喂。

（7）麦芽的加工

麦芽富含维生素 E。其制法是把小麦浸泡 12～15 小时，捞出后放在木槽中堆积，温度控制在 15～18℃，每日用清水清洗一遍，待长出白色须根、将要露芽时再分槽，其厚度不超过 2 厘米，每日喷水 2 次，经 3～4 天（温度低，时间要长）即可生长出 1～1.5 厘米长淡黄色的芽。麦芽生长过程中，如果温度过高，易长白色霉菌，这时可用 0.1％ 的高锰酸钾溶液消毒处理。室内应通风、避光。光线的作用可使麦芽变绿，维生素 E 的含量降低，而维生素 C 的含量增高。麦芽可用绞肉机绞碎，一般应该绞碎 2 遍。

（8）植物油的加工

植物油含有大量的维生素 E，保存时应放在非金属容器中，否则保存时间长易氧化酸败。夏季最好低温保存，这样能防止氧化酸败。已经酸败的植物油不能用来饲喂狐狸。有些养狐狸场常用棉籽油补充日粮中维生素 E 的不足，但一定要用精制品，因粗制品中棉酚含量较高，能引起慢性中毒。饲喂前可用铁勺煎熬棉籽油，维生素 E 在高温（170℃）下不被破坏，而棉酚易挥发，在加热过程中会随气体跑掉。

（9）常用维生素制剂的加工

鱼肝油和维生素 E 油浓度高时，可用豆油稀释后加入饲料，胶丸鱼肝油需用植物油稍加热溶解后加入饲料，一般将两日量一次加入饲料效果较好。维生素 $B_1$、维生素 $B_2$、维生素 C 是水溶性的，三者均可同时溶于 40℃ 的温水中，但高温或碱性物质（苏打、骨粉等）易破坏其有效成分。鱼粉、肉骨粉、骨粉、蚕蛹及油粕能破坏维生素 A；酸败脂肪能破坏多种维生素。

（10）常用无机盐饲料的加工

食盐可按一定的比例制成盐水，一般 1∶（5～10），直接加入饲料，搅拌均匀即可饲喂。也可以放在谷物饲料中饲喂。食盐的给量一定要精确，严防过量。

骨粉和骨灰可按量直接加入饲料中，但不能和 B 族维生素、维生素 C 及酵母混合在一起饲喂，否则有效成分将会受到破坏。

**69 饲料调制时应注意哪些问题？**

①要严格执行饲料单规定的品种和数量，不能随便改动。

②必须在饲喂前按时调制混合饲料，不能随便提前。应最大限度地避免多种饲料混合而引起营养成分的破坏或失效。

③为防止饲料腐败变质，在调制过程中，严禁温差大的饲料相

互混合，特别是热天时更需注意。

④在调制过程中，水的添加量要适当，严防加入过多造成剩食。应先添加少许视其稠度逐渐增添。

⑤饲料调制后，机器、用具要进行彻底洗刷，夏天要经常消毒，以防疾病发生。

**70　饲料中含有哪些营养成分？**

饲料主要为狐狸提供水分、蛋白质、脂肪、碳水化合物、维生素和无机盐及能量。其中，蛋白质和能量对狐狸的营养最重要。蛋白质、脂肪和碳水化合物并称为饲料的三大有机物质，是狐狸体能量的主要来源。

**71　狐狸的营养需要特点是什么？**

狐狸在不同的生物学时期对各种营养物质的需要各有不同的特点。狐狸的营养需要中有机物质非常重要，其数量和质量与狐狸的种类、年龄、生产性能和采食量有关。

**72　狐狸的能量需要特点是什么？**

饲料中的脂肪、蛋白质和碳水化合物三大营养物质在狐狸机体中氧化分解产生热量，但三者产热量不同，以脂肪最高，蛋白质次之，碳水化合物产热量同蛋白质接近。狐狸因生活环境和生理状态不同，对热能的需求量也不同。通常维持期的需要量最低，繁殖期和育成期的需要量逐渐增加，生长发育基本完成，到冬季毛皮形成期又减少。

如果日粮中可消化物质少、营养物质比例失调或饲料营养价值低劣，则往往导致能量供应不足，使得狐狸生长发育缓慢或停滞，机体消瘦，毛色暗淡，乳量不足等。

**73　狐狸的蛋白质营养需要特点是什么？**

蛋白质是一切生命现象的物质基础，是狐狸机体中重要的营养物质。蛋白质的基本结构单位是氨基酸，共有 20 种，由多种氨基酸联结而成蛋白质。蛋白质的营养价值，主要取决于其氨基酸特别是必需氨基酸的数量和比例。

**74** 狐狸需要哪些必需氨基酸？

必需氨基酸指狐狸体内不能合成的必须由饲料提供的氨基酸。动物必需氨基酸需要的种类和数量，因动物不同而有所差异。狐狸约有 11 种必需氨基酸，即赖氨酸、色氨酸、组氨酸、苯丙氨酸、亮氨酸、异亮氨酸、苏氨酸、蛋氨酸、缬氨酸、精氨酸、胱氨酸。与毛皮的生长直接相关的含硫氨基酸有蛋氨酸、胱氨酸和半胱氨酸 3 种。

**75** 哪些饲料中含有全价蛋白质？

含有全部必需氨基酸的蛋白质，营养价值较高，称为全价蛋白质。只含有部分必需氨基酸的蛋白质，营养价值较低，称为非全价蛋白质。含有全价蛋白质的饲料主要有哺乳动物的肌肉、鲜血、肝脏、肾脏、乳类和蛋类。鱼类中仅有少数品种（黄花鱼、比目鱼等）含有全价蛋白质。

**76** 狐狸对蛋白质的供给有什么要求？

狐狸对蛋白质的需要，实际上就是对氨基酸的需要。狐狸对蛋白质的需要有数量和质量两方面的要求。蛋白质是构成狐狸机体各种组织的主要成分，其作用是脂肪和糖所不能取代的。若蛋白质不足，则狐狸机体会出现氮的负平衡，造成机体蛋白质入不敷出，对生产也不利；但若蛋白质过量，反而会降低狐狸对蛋白质的利用率，不仅浪费饲料，饲养效果也不理想。狐狸长期缺乏蛋白质时，会造成贫血，抗病能力降低；幼狐狸生长停滞，水肿、被毛蓬乱，出现白鼻子、长趾甲、干腿等极度营养不良的现象，最后消瘦而死亡；种公狐狸精液品质下降；母狐狸性周期紊乱，不易受孕，即使受孕也容易出现死胎、产弱仔等现象。除数量外，狐狸还要求供给质量好的全价蛋白质，即含有全部必需氨基酸的蛋白质。

**77** 怎样使日粮中的氨基酸能起互补作用？

绝大多数饲料中蛋白质的氨基酸是不完全的，所以日粮中的饲料种类单一时，蛋白质的利用率就不高。因此，采用两种以上饲料混合饲喂，则几种饲料所含氨基酸彼此补充，使日粮中必需氨基酸趋于完全，从而提高饲料蛋白质的利用率和营养价值。

**78** 狐狸的脂肪需要特点是什么？

在饲料分析中，凡是能用乙醚提取出来的物质，总称为粗脂肪，包括脂肪及类脂化合物等。脂肪是构成机体的必需成分，是狐狸机体热能的主要来源，也是能量最好的贮存形式。1 克脂肪在体内完全氧化可产生 38 900 焦耳热量，比糖类高 2.25 倍。

狐狸对脂肪的需要量较蛋白质低，且要求有一定比例。脂肪不足会影响生长发育、繁殖，甚至导致发病；脂肪过多时，会严重影响饲料适口性，造成采食量降低。繁殖期还需要含有必需脂肪酸的脂肪。脂肪一定要新鲜，氧化酸败的脂肪对狐狸危害极大。

**79** 什么是脂肪酸和必需脂肪酸？对狐狸有什么营养作用？

脂肪酸是构成脂肪的重要成分，现已发现 30 余种。脂肪酸与甘油共同构成种类繁多和结构复杂的混合甘油酯；按照脂肪酸的性质，可分为饱和脂肪酸与不饱和脂肪酸两大类。饱和脂肪酸的化学性质比较稳定，不容易被氧化。不饱和脂肪酸化学性质极不稳定，在脂肪中含量越高则熔点越低，碘化价越高，越易氧化变质。

在狐狸生命活动中机体必需的，但体内又不能合成或不能大量合成的，必须从饲料中获得的不饱和脂肪酸，称为必需脂肪酸。在狐狸的饲料中，亚麻二烯酸、亚麻酸和二十碳四烯酸是必需脂肪酸。实践证明，在繁殖期日粮中不仅要注意蛋白质的供给，对脂肪也不能忽视。必需脂肪酸与必需氨基酸一样重要。

**80　脂肪为什么会氧化和酸败？**

脂肪的氧化和酸败是贮存过程中所发生的复杂化学变化过程，从而使脂肪失去了它原有的营养价值。氧化和酸败脂肪颜色较正常时明显变黄，味道发苦和出现特殊的臭味。饲料中脂肪酶的活动与空气中的氧参与的氧化过程，对脂肪酸败有很大促进作用。特别是不饱和脂肪酸含量高的鱼类饲料等更容易氧化酸败。脂肪氧化或酸败的速度与保存饲料的温度、时间成正比。海杂鱼在$-25 \sim -18℃$冷库中贮存3个月，脂肪仅有轻度酸败；在$-10 \sim -5℃$的冷库中贮存3个月，脂肪严重酸败。鱼类饲料在冷库中贮存时间，一般不能超过半年，否则繁殖期狐狸不可利用。

**81　氧化和酸败的脂肪对狐狸有什么危害？**

脂肪酸败的分解产物（过氧化物、醛类、酮类、低分子脂肪酸等）可直接作用于狐狸的消化道黏膜，造成小肠发炎及严重的消化障碍；脂肪酸败的分解产物可破坏饲料中的多种维生素，使幼狐狸食欲减退，生长发育缓慢或停滞，严重损害皮肤健康，导致出现脓肿或皮疹，降低毛皮质量。狐狸在妊娠期对酸败脂肪敏感，会造成死胎或烂胎、产弱仔及母狐狸缺乳等。

**82　碳水化合物对狐狸的营养功能是什么？**

碳水化合物是一类含碳、氢、氧3种元素的有机物，其中氧和氢比例多为$1：2$，与水相同，故又称碳水化合物。它包括粗纤维和无氮浸出物两大类。粗纤维主要成分是纤维素、半纤维素、木质素、角质等，是饲料中不易消化的物质；无氮浸出物包括淀粉和糖，易被消化吸收。

碳水化合物的主要营养功能是提供能量，剩余部分则在体内转化成脂肪储存起来，作为能量储备。碳水化合物虽不能转化为蛋白质，但合理地增加碳水化合物饲料可以减少蛋白质的分解，具有节省蛋白质的作用。同时，粗纤维对促进消化道正常蠕动有益处，也是预防酸中毒的有效措施。

## 83 矿物质对狐狸的营养功能是什么？

维持机体生命所必需的矿物质有常量元素（占体重 0.01% 以上）如钙、磷、氯、钠、钾、镁、硫，以及微量元素（占体重 0.01% 以下）如铜、铁、钴、锌、碘、氟等。

矿物质在狐狸体内含量较少（3%～5%），但却有着很重要的营养和生理意义。即使处在饥饿的状况下，机体对矿物质的消耗也是不停止的。所以，当矿物质出现负平衡时，就必须改变饲养方法，在日粮中加大矿物质的喂量。但如果矿物质的供给量超过标准，也会给生产带来不利影响。同时还必须考虑各种矿物质之间的相互关系。

## 84 无机盐对狐狸有什么功用？

无机盐在狐狸机体中含量虽然较少，又不含有能量，但在营养和生理上却具有重要作用：①无机盐是机体细胞的组成成分，细胞的各种重要机能如氧化、发育、分泌、增殖等，都需无机盐参与。②对维持机体各组织的功能，特别是神经和肌肉组织的正常兴奋性有重要作用。如钠和钾的离子浓度增高，可提高神经系统的兴奋性；而钙和镁的离子浓度增高，可降低兴奋性。③参与食物的消化和吸收过程，如胃液中的盐酸及胆汁中的碱性钠盐，对各种营养物质的消化吸收都是必需的。④在维持水的代谢平衡、酸碱平衡，调节血液正常渗透压等方面有重要生理作用。

## 85 饲料中为什么必须长年添加食盐？

食盐是狐狸所需钠、氯的来源。钠具有重要的生理作用，能保持细胞与血液间渗透压的均衡，维持机体内的酸碱平衡，使体内组织保持一定量的水分。同时对心脏、肌肉的活动也有调节作用。氯在机体中分布较广，在细胞、各种组织及体液中均存在，大部分存在于血液和淋巴液中。另一部分以盐酸的形式存在于胃液中。如果狐狸缺氯，胃液中盐酸就要减少，食欲明显减退，甚至造成消化障碍。为了满足狐狸对钠和氯的需要，每天要往饲料中添加食盐，每天每只用量为0.5～0.8克，不宜过多，以免中毒。

**86** 维生素对狐狸的生理功能是什么？为什么必须人工补充？

维生素属于维持狐狸机体正常生理功能所必需的低分子有机化合物。它在饲料中的含量较其他成分少得多，但却是必不可少的。饲料中一旦缺少维生素，就会使机体生理机能失调，出现各种维生素缺乏症。狐狸本身不能合成维生素或合成能力很低，而对维生素的需要量又较多。人工提供的饲料中虽含有一部分维生素，但由于其在贮存和加工调制过程中遭到了部分损失，已不能满足动物的需要，所以人工饲养狐狸必须补充维生素。

**87** 维生素分为哪几类？

维生素可分为脂溶性维生素和水溶性维生素两大类。脂溶性维生素是能溶于脂肪而不溶于水的维生素，有维生素 A、维生素 D、维生素 E、维生素 K 等。水溶性维生素是能溶于水的维生素，包括 B 族维生素（维生素 $B_1$、维生素 $B_2$、维生素 $B_6$、烟酸、泛酸、维生素 $B_{12}$、叶酸、生物素、胆碱等）及维生素 C。

**88** 脂溶性维生素对狐狸有什么功用？

（1）维生素 A

维生素 A 可促进细胞增殖和生长，保护器官上皮组织结构的完整和健康，维持正常视力；可以促进幼狐狸生长，使骨骼正常发育和增强机体对传染病的抵抗力；参与性激素的形成，提高繁殖力。缺乏维生素 A 时，会引起幼狐狸的生长发育停滞，表皮和黏膜上皮角质化，严重影响繁殖力及毛皮品质。

（2）维生素D（骨化醇）

维生素D是类固醇衍生物，主要有维生素 $D_2$ 和维生素 $D_3$ 两种。维生素 $D_2$ 存在于植物饲料中，前身为麦角固醇，经太阳光中紫外线的照射后转化为维生素 $D_2$。维生素 $D_3$ 的前身是7-脱氢胆固醇，存在于畜禽的皮肤及羽毛中，经太阳光中紫外线照射后转化为维生素 $D_3$。维生素D的主要功能是维持正常的钙、磷代谢水平，缺少时不仅会出现软骨病，还会严重影响繁殖性能。

（3）维生素E（生育酚）

维生素E是一种有效的抗氧化剂，对维生素A具有保护作用，参与脂肪的代谢，维持内分泌腺的正常机能，促进性细胞正常发育，提高繁殖性能。

缺乏维生素E的主要症状：母狐狸虽能怀孕，但胎儿很快死亡并被吸收；公狐狸的精液品质下降，精子活力减退、数量减少乃至消失。此外，由于脂肪代谢出现障碍，导致出现黄脂病。

（4）维生素K

维生素K是维持机体血液正常凝固所必需的物质，对合成凝血酶原起催化作用。维生素 $K_1$ 主要存在于青绿植物中，维生素 $K_2$ 主要存在于微生物体内。人工合成的维生素K即甲基萘醌，称为维生素 $K_3$。狐狸维生素K缺乏症比较少见，但肠道功能紊乱或长期使用抗生素，抑制肠道中微生物活动，而使维生素K的合成减少时，偶尔也有发生。

缺乏维生素K的临床典型症状有口腔、齿龈、鼻腔出血，粪便中有黑红色血液，剖检时可见胃肠道黏膜出血。

**89** 水溶性维生素对狐狸有什么功用？

（1）B族维生素

B族维生素主要作为细胞酶的辅酶，参与糖类、脂肪和蛋白质代谢的各种反应。

1）维生素 $B_1$（硫胺素）　狐狸体内基本上不能合成，全靠日粮来满足需要。当缺乏时，糖类代谢强度及脂肪利用率迅速减弱，出现食欲减退，消化紊乱，后肢麻痹，颈强直、震颤等多发性神经炎症状。

2）维生素 $B_2$（核黄素）  在机体内构成某些酶的辅基，参与细胞的呼吸作用。缺乏维生素 $B_2$ 时，新陈代谢发生障碍，幼狐狸生长发育受阻，种狐狸失去繁殖能力，皮肤及实质脏器发生病理性变化等。

3）维生素 $B_6$（吡哆素）  参与蛋白质代谢，保持造血功能正常，供应神经系统所需的营养。缺乏维生素 $B_6$ 时，狐狸神经系统发生障碍，表现痉挛，生长停滞，并引起贫血和皮肤炎。

4）维生素 $B_5$（烟酸）  是辅酶的组成成分，对机体新陈代谢起重要作用。缺乏时，狐狸表现食欲减退、皮肤发炎、被毛粗糙等症状。

5）维生素 $B_3$（泛酸）  是构成辅酶A的成分，与蛋白质、脂肪的代谢有密切关系。缺乏时，幼狐狸虽有食欲，但生长发育受阻，体质衰弱，严重影响成年狐狸繁殖，冬毛生长期会使毛绒变白。

6）维生素 $B_{12}$（氰钴胺）  主要作用是调节骨髓的造血过程，与红细胞成熟密切相关。缺乏时，红细胞浓度降低，神经敏感性增强，严重影响繁殖力。只要动物性饲料品质新鲜，一般不致缺乏。

7）维生素 $B_{11}$（叶酸）  可防止恶性贫血。

8）维生素 H（生物素）  对机体有机物质的代谢均有影响。

9）维生素 $B_4$（胆碱）  缺乏时，肝脏中会有较多脂肪沉积，形成脂肪肝，也会引起幼狐狸生长发育受阻，母狐狸乳量不足，严重影响毛绒色泽（变为黄褐色）。

（2）维生素 C（抗坏血酸）

参与细胞间质的生成及体内氧化还原反应，具有解毒作用。维生素 C 缺乏时，会引起仔狐狸发生红爪病。

**90** 狐狸维生素的主要来源及利用特点是什么?

(1) 维生素 A

狐狸对维生素 A 的需要量,非繁殖期最低每日每千克体重250~400 国际单位,繁殖期 500~800 国际单位。狐狸所需要的维生素 A,主要来源于鱼肝油、鱼类及家畜的肝脏。以鲜鱼(海鱼或淡水鱼)为主的日粮,基本能保证维生素 A 需要,除繁殖期补加少量(标准量的一半)外,其他时期需补加给 5%~10% 的肝脏、5% 的乳或一定量的鸡蛋才能满足需要。添加维生素 A 时,要防止酸败脂肪的破坏作用。

(2) 维生素 D

狐狸对维生素 D 的最低需要量为每日每千克体重 10 国际单位,而实际饲养中,维生素 D 的供给标准要比需要量高 5~10 倍。狐狸所需要的维生素 D,主要依靠鱼肝油、肝脏、蛋类、乳类及其他动物性饲料提供。通常只要饲料新鲜,就不需要额外添加。但在繁殖期和幼狐狸生长期,机体对维生素 D 需要量增加,可适当添加一部分;在光照充足的环境下,机体对维生素 D 的需要量较少,而在阴暗的棚舍需要量较高。

(3) 维生素 E

狐狸对维生素 E 的需要量一般是每日每千克体重 3~4 毫克,妊娠期日粮中不饱和脂肪酸含量高时,用量可增加 1 倍。狐狸所需要的维生素 E,主要靠多种谷物胚芽和植物油提供,如小麦芽、棉籽油、大豆油、小麦胚油和玉米脐油等。维生素 E 对狐狸性器官的发育有良好作用。小麦胚油添加量可达到每日每千克体重 0.5~1 克,棉籽油、大豆油或玉米脐油为 1~3 克。

(4) 维生素 $B_1$

狐狸对维生素 $B_1$ 的标准需求量为每日每千克体重 0.26 毫克。富含维生素 $B_1$ 的饲料有酵母、谷物胚芽、细糠麸等,肉类、鱼类、蛋类、乳类也含有一定量,而蔬菜和水果中含量较少。一般的日粮,只要保证肉类、鱼类、谷物粉和蔬菜质量新鲜,基本能满足需要。但由于维生素 $B_1$ 是水溶性维生素，在饲料贮存或加工过程中损失很大，所以需经常采用添加酵母或维生素 $B_1$ 制剂的方式来弥补。

（5）维生素 $B_2$

动植物性饲料中均含有维生素 $B_2$，含量最丰富的饲料有各种酵母，哺乳动物的肝脏、心脏、肾脏和肌肉等，鱼类、谷物、蔬菜中含量较少。狐狸对维生素 $B_2$ 的需要量一般从日粮中能得到满足，除繁殖期需补加少量精制品外，日常不需另外补充。常用的添加剂量为准备配种期每日每千克体重 0.2～0.3 毫克，妊娠和哺乳期 0.4～0.5 毫克。

（6）维生素 C

维生素 C 在绿色植物中含量丰富，而肉类、鱼类和谷物饲料中几乎没有。在狐狸的日粮中供给每日每千克体重 30～40 毫克的青绿蔬菜，加上体内合成部分，一般不会出现维生素 C 的缺乏。但在妊娠和哺乳期，特别是北方地区，此时用的是贮藏蔬菜，在贮藏过程中维生素 C 损失大部分，所以要注意维生素 C 制剂的添加。一般在妊娠中期添加量为每日每千克体重 10～20 毫克。

**91** 水对狐狸有什么营养作用？为什么要长年重视狐狸的饮水？

水是构成机体的重要成分，也是狐狸生命活动中不可缺少的物质。正常的成年狐狸体内水分的含量约为体重的 65%，胎儿及幼狐狸的含水量更高。狐狸体内的一切新陈代谢过程都离不开水。狐狸在丧失其全部脂肪和半数以上的蛋白质时仍然可以活着，然而丧失 10% 的水分就会导致死亡。因此，全年应供给狐狸充足的洁净水。

**92** 狐狸日粮类型的特点和使用要求是什么？

依据日粮中动物性饲料种类的差异，大致可将日粮分为 4 种类型。

（1）以鲜海杂鱼为主的日粮

常见于沿海地区各养狐狸场，多采用生喂方式，要注意添加酵母和维生素 $B_1$。妊娠期要尽量搭配部分肉类或肉类副产品，幼狐狸生长发育期要注意增加日粮中脂肪的喂量。

（2）以干动物性饲料为主的日粮

常见于离畜牧区和沿海较远又无冷冻保鲜条件的各养狐狸场。在母狐狸妊娠期和产仔泌乳期，最好搭配一部分新鲜全价蛋白质（牛奶、羊奶、蛋类等）饲料，以提高适口性和保证泌乳量。生长期和换毛期还应适当地补加脂肪，并注意维生素 A、维生素 E、维生素 C 的补给。饲喂干饲料时，狐狸饮水量增加，应保证充足饮水。

（3）以肉类和肉类副产品为主的日粮

常见于牧区或肉联厂的附属狐狸场。日粮中要注意饲料的品质，腐败变质和病原微生物污染的饲料不能利用。同时要保证无机盐、维生素 A 和维生素 $B_1$ 的供给。

（4）鱼、肉混合型日粮

采用此种类型日粮，多是依靠水产品或肉类联合加工厂的副产品作饲料的养狐狸场。这种日粮可提高蛋白质的全价性，蛋白质和能量的比例易于调整，被称为理想型日粮。

**93** 完全采用鱼类饲料养狐狸是否可行？其日粮比例如何搭配？

鱼类饲料是狐狸动物性蛋白质的重要来源之一，资源丰富且价格比较低廉，但其营养价值不及肉类。鱼类饲料中不饱和脂肪酸含量较多，极易氧化酸败；鱼类的蛋白质也极易腐败，因此要加强冷冻保鲜。完全采用鱼类来养狐狸可以考虑，但不及肉、鱼混合效果好，特别是鱼类的品种太单一时，效果更不好。以鱼类作为动物性饲料的唯一来源时，必须是以多种类的杂鱼为好，日粮中动物性饲料全部为鱼时，其比例可占日粮的 70%～75%，比利用肉类要增加 20%～30% 的用量。同时应注意维生素 $B_1$ 和维生素 E 的供给，才能保证良好的生产效果。

**94** 用鱼粉或干鱼饲养狐狸时，在日粮中应占多大比例？如何搭配？

（1）用鱼粉养狐狸时的日粮比例和搭配

用新鲜的优质鱼粉喂狐狸，在日粮中占动物性蛋白质的20%～25%时，幼狐狸采食、消化及生长发育均较正常。在非繁殖期的日粮中，鱼粉可占动物性蛋白质的40%～45%，其余由废弃的猪肉、牛羊内脏、鱼类等动物性饲料搭配。鱼粉含盐量高，使用前必须用清水浸泡，浸泡期间换水2～3次。

（2）用干鱼养狐狸时的日粮比例和搭配

用干鱼养狐狸，关键在于干鱼的质量。优质干鱼可占日粮动物性饲料的70%～75%，但不能完全用干鱼代替。因干鱼在晒制过程中，某些必需氨基酸、必需脂肪酸和维生素遭到破坏，所以在狐狸繁殖期使用干鱼，必须搭配全价蛋白质饲料（鲜肉、蛋、奶和猪肝等）。搭配量应为日粮动物性饲料的25%～30%。狐狸育成期和冬毛生长期使用干鱼，必须搭配新鲜的废弃猪肉或添加植物油，以弥补干鱼脂肪的不足。

**95** 什么样的鱼可以生喂？什么样的鱼必须熟喂或不能用于喂狐狸？

狐狸对新鲜的海杂鱼蛋白质的消化率高达87%～92%，容易吸收，适口性好，最好生喂。对轻度腐败变质的海杂鱼需要蒸煮消毒后熟喂，其消化率降低5%左右。大多数淡水鱼（特别是鲤科鱼类）含有硫胺素酶，对维生素 $B_1$（硫胺素）有破坏作用，生喂常引起维生素 $B_1$ 缺乏症，应经过蒸煮后熟喂。腐败变质的鱼及毒鱼绝对不能用来喂狐狸，以免中毒。

**96** 如何利用畜禽肉类饲料？

肉类饲料的利用，以生喂比熟喂适口性好，消化率也高，因此，凡经卫生检验合格的，均可生喂。对病畜肉、来源不明或有污染可疑的肉类，最好经高温处理后再喂。死亡以后的畜禽尸体要及时加工和高温处理后小心饲喂，以免发生肉毒梭菌毒素中毒。含脂率高的肉类（如废弃猪肉、痘猪肉）要尽量除去脂肪饲喂，同时要与鱼类或肉类副产品搭配，以降低饲养成本。

**97** 用痘猪肉喂狐狸应如何处理？在饲料中占多大比例为宜？

痘猪肉是狐狸廉价的肉类饲料来源，利用时要进行高温处理。日粮中有 15％～20％ 的熟痘猪肉时，要搭配一定比例的低脂小杂鱼、兔头、兔骨架或鱼粉等，同时增加维生素 E 的用量，可获得较好的效果。

**98** 乳类饲料的营养价值怎样？如何利用？

乳类饲料是狐狸全价蛋白质的来源之一，含有全部的必需氨基酸，各种氨基酸的组成与狐狸的需要相似，同时又很容易被消化吸收。乳类饲料的利用，一般只在繁殖期和幼狐狸生长期利用，对母狐狸泌乳及幼狐狸生长发育有良好的促进作用。鲜乳按 1∶3 加水调制，妊娠期一般每天可喂鲜奶 30～40 毫升，长年每只每天喂给 15～20 毫升，最多喂量不超过 60 毫升，否则有轻泻作用。饲喂的鲜乳一定要加热（70～80℃，15 分钟）消毒冷却后使用，奶桶每天都要用热碱水刷洗干净。无鲜乳可用全脂奶粉代替，先将奶粉放在少量温开水中搅匀，然后再用开水稀释 7～8 倍，调制后尽量在 2 小时内喂完，以防酸败变质。

**99** 蛋类饲料的营养价值怎样？如何利用？

鸡、鸭、鹅蛋是营养价值很高的全价蛋白质饲料，并含有卵磷脂、多种维生素和无机盐。蛋类饲料的利用，准备配种期公狐狸每天每只用量 10～20 克，可提高精液品质。妊娠母狐狸和产仔母狐狸日粮中供给 20～25 克，不仅对胚胎发育和提高仔狐狸的生活力有利，还能促进乳汁的分泌。蛋类必须熟喂，原因是生蛋中所含的卵白素会破坏饲料中的生物素，使狐狸发生皮肤炎、毛绒脱落等疾病。孵化过的废弃蛋品（石蛋或毛蛋）必须及时蒸煮消毒，保证质量新鲜，其喂量与鲜蛋大体一致，腐败变质的不能利用。

**100** 配制狐狸日粮的方法有几种？

日粮指每天供给每只狐狸饲料量的总和。配制日粮的方法主要有手工计算法和计算机辅助设计两种。

（1）手工计算法

手工计算法是依据狐狸的营养需要与饲料学的基本知识和简单的数学运算，计算配方中各种饲料的配合比例。手工算法设计过程清晰，可充分体现设计者的意图，是计算机设计配方的基础。但该方法计算过程繁杂、速度慢，尤其当饲料种类及所需考虑的营养指标较多时，往往需要反复调整，运算量大，而且难以得到一个最低成本饲料配方。

（2）计算机辅助设计

我国从20世纪80年代中期开始较为普遍地应用计算机技术，利用运筹学及线性规划方法设计饲料配方。计算机配方通过线性规划或多目标规划原理，可在较短时间内，快速设计出营养全价且成本最低的优化饲料配方。现在已有很多软件供计算机配方使用，使用时只要输入有关的营养需要量、饲料营养成分含量、饲料价格及相应的约束条件，即可很快得出最优饲料配方。

尽管计算机配方技术日益普及，但手工计算法在一般养殖场（户）仍被普遍采用。

**101** 用日粮的热量配比法怎样配制日粮？

热量配比法是以狐狸每天所需要的代谢能为基础，再依据现有饲料种类，确定出各种饲料所占热量的百分比和饲料供给量。

配制日粮时，应注意：①依据狐狸的生理时期确定狐狸每天所需要的代谢能和蛋白质的需要量。②根据经验或已知的饲料配方确定各种饲料的比例。③根据狐狸的生理时期和日粮中各种饲料的比例，计算出各种饲料所提供的总代谢能。④通过查找饲料营养成分表查出各种饲料所含有的代谢能，再计算出各种饲料在日粮中的重量。⑤根据饲料营养成分表查出日粮中各种饲料的可消化蛋白质含量，然后计算出该日粮中可消化蛋白质的重量，来验证所配日粮的蛋白质能否满足需要。如果过高，就相应降低含蛋白高饲料的比例，提高能量饲料比例；反之，提高蛋白饲料比例，同时降低能量饲料。

［例］某养狐场现有 100 只妊娠母狐狸，中等体况，饲料种类有海杂鱼、痘猪肉、玉米面、大豆面、小麦粉、胡萝卜、大白菜、骨粉、食盐及各种维生素等；请配制中等体况妊娠母狐狸的日粮。计算过程如下：

（1）中等体况妊娠母狐狸的饲养标准

每只母狐狸日粮总代谢能为 2.51 兆焦，可消化蛋白质每兆焦 21.5～23.9 克。

（2）日粮中各种饲料比例

海杂鱼 30%、痘猪肉 20%、玉米面 26%、大豆面 6%、小麦粉 10%、胡萝卜 3%、大白菜 5%，共计 100%。

（3）计算各种饲料所提供的总代谢能

海杂鱼：2.51 兆焦×30%＝0.753 0 兆焦

痘猪肉：2.51 兆焦×20%＝0.502 0 兆焦

玉米面：2.51 兆焦×26%＝0.652 6 兆焦

大豆面：2.51 兆焦×6%＝0.150 6 兆焦

小麦粉：2.51 兆焦×10%＝0.251 0 兆焦

胡萝卜：2.51 兆焦×3%＝0.075 3 兆焦

大白菜：2.51 兆焦×5%＝0.125 5 兆焦

（4）计算各种饲料在日粮中的量

以痘猪肉为例，100 克痘猪肉的代谢能为 0.594 兆焦，故 0.502兆焦痘猪肉的量（克）＝0.502 兆焦×100 克/0.594 兆焦＝84.5克，其余类推。以下为 2.51 兆焦能量所需要的各类饲料量。

海杂鱼：0.753兆焦×100克/0.351兆焦＝214.5克

痘猪肉：0.502兆焦×100克/0.594兆焦＝84.5克

玉米面：0.652 6兆焦×100克/1.067 1兆焦＝61.2克

大豆面：0.150 6兆焦×100克/1.025 1兆焦＝147.0克

小麦粉：0.251兆焦×100克/1.025 1兆焦＝24.5克

胡萝卜：0.075 3兆焦×100克/0.125 1兆焦＝60.2克

大白菜：0.125 5兆焦×100克/0.059兆焦＝212.7克

合计：804.6克。

（5）计算日粮的可消化蛋白质量

海杂鱼：13.8％×214.5克＝29.60克

痘猪肉：18.5％×84.5克＝15.63克

玉米面：6.5％×61.2克＝3.98克

大豆面：20.3％×14.7克＝2.98克

小麦粉：7.6％×24.5克＝1.86克

胡萝卜：1.1％×60.2克＝0.66克

大白菜：1.1％×212.7克＝2.13克

合计：56.84克。

56.84克/2.51兆焦＝22.65克/兆焦，基本符合妊娠期狐狸的蛋白质需要。之后，再适当添加一些骨粉、食盐、维生素等。

**102** 用日粮的重量配比法怎样配制日粮？

以狐狸每天对日粮的需要量为基础，初步确定日粮的总重量；再根据经验或已知的饲料配方确定各种饲料的重量比；然后根据日粮总重量和各类饲料所占的重量比，计算出各种饲料的重量；通过查阅各种饲料的营养成分表，得出各种饲料的可消化蛋白质含量和代谢能，据此计算出每种饲料的代谢能和可消化蛋白质的数量，并检查是否满足营养需要，如果不符合，再做轻微调整。

［例］某养狐狸场现有100只妊娠母狐狸，中等体况，饲料种

类有海杂鱼、痘猪肉、玉米面、大豆面、小麦粉、胡萝卜、大白菜、骨粉、食盐及各种维生素等；请配制中等体况妊娠母狐狸的日粮。计算过程如下：

（1）狐狸的日粮采食量

狐狸的日粮采食量为 680 克，添加剂（食盐和维生素等）按不含能量和蛋白质计算，应扣除添加剂 10 克，剩余 670 克。

（2）确定各种饲料比例

海杂鱼 32%、痘猪肉 12%、玉米面 10%、大豆面 2%、小麦粉 4%、胡萝卜 8%、大白菜 32%，共 100%。

（3）计算各种饲料用量

海杂鱼：$670 \times 32\% = 214.4$ 克

痘猪肉：$670 \times 12\% = 80.4$ 克

玉米面：$670 \times 10\% = 67.0$ 克

大豆面：$670 \times 2\% = 13.4$ 克

小麦粉：$670 \times 4\% = 26.8$ 克

胡萝卜：$670 \times 8\% = 53.6$ 克

大白菜：$670 \times 32\% = 214.4$ 克

（4）查找饲料营养成分表，确定各种饲料的可消化蛋白质量和代谢能

1）代谢能计算过程

海杂鱼：214.4 克 $\times$ 0.351 兆焦/100 克 $=$ 0.752 兆焦

痘猪肉：80.4 克 $\times$ 0.594 兆焦/100 克 $=$ 0.478 兆焦

玉米面：67 克 $\times$ 1.067 1 兆焦/100 克 $=$ 0.715 兆焦

大豆面：13.4 克 $\times$ 1.025 1 兆焦/100 克 $=$ 10.137 兆焦

小麦粉：26.8 克 $\times$ 1.025 1 兆焦/100 克 $=$ 0.244 兆焦

胡萝卜：53.6 克 $\times$ 0.125 1 兆焦/100 克 $=$ 0.067 兆焦

大白菜：214.4 克 $\times$ 0.059 兆焦/100 克 $=$ 0.126 兆焦

合计：12.520 兆焦

2）可消化蛋白质量计算过程

海杂鱼：$13.8\% \times 214.4 = 29.58$ 克

痘猪肉：18.5％×80.4＝14.87 克

玉米面：6.5％×67＝4.35 克

大豆面：20.3％×13.4＝2.72 克

小麦粉：7.6％×26.8＝2.04 克

胡萝卜：1.1％×53.6＝0.59 克

大白菜：1.1％×214.4＝2.36 克

合计：56.52 克

能量和蛋白基本满足狐狸的营养需要。

# 五、繁殖技术

**103** 笼养狐狸性成熟年龄及影响因素？

笼养狐狸性成熟时间，一般为 9～11 月龄，但依营养状况、遗传因素等不同，个体间有所差异。公狐狸较母狐狸早些，银黑狐较北极狐早些。野生狐狸或由国外引入的狐狸，无论是初情狐狸还是经产狐狸，引进当年多半发情较晚，繁殖力较低。出生晚的幼狐狸约有 20％到翌年繁殖季节不能发情。

**104** 狐狸的繁殖有什么特点？

狐狸属于季节性单次发情动物，一年只繁殖一次，繁殖季节在春季。在性周期里，狐狸的生殖器官受光周期影响而出现明显的季节性变化。

**105** 公狐狸性周期变化有什么特点？

在间情期（5—8 月），公狐狸睾丸的直径 5～10 毫米，重量仅为 1.2～2 克，质地坚硬；附睾中没有成熟的精子；阴囊满布被毛，贴于腹侧，外观不明显。8 月末至 9 月初，睾丸开始逐渐发育，到 11 月（下旬）睾丸直径达 16～18 毫米。翌年 1 月睾丸重量达到 3.7～4.3 克，并可见到成熟的精子，但此时尚不能配种，因为前列腺的发育比睾丸还迟。2 月初睾丸直径可达 2.5 厘米左右，质地松软，富有弹性；附睾中有成熟精子；此时阴囊被毛稀疏，松弛下垂，明显易见；有性欲要求，可进行交配。整个配种期延续 60～

70天，但后期性欲逐渐降低，性情暴躁。3月底至4月上旬睾丸迅速萎缩，性欲也随之减退，至5月恢复到间情期大小。

**106　母狐狸性周期变化有什么特点？**

母狐狸的生殖器官在夏季（6—8月）也处于静止状态，8月末至10月中旬卵巢的体积逐渐增大，滤泡开始发育，黄体开始退化，到11月黄体消失，滤泡迅速增长，翌年1月发情排卵。子宫和阴道也随卵巢的发育而变化，此期体积、重量亦明显增大。整个发情期由1月中旬至4月中旬。受配后的母狐狸，即进入妊娠和产仔期，非受孕母狐狸又恢复到静止期。

**107　母狐狸在什么时间发情？**

银黑狐、彩狐及赤狐在1月中旬至3月中旬发情配种；北极狐在2月中旬至4月中旬发情配种。一般经产母狐狸发情早于初产母狐狸。饲养管理好发情早，反之要迟一些。在正常的饲养管理情况下，银黑狐发情多集中在2月中下旬，北极狐在3月中下旬。

**108　母狐狸发情分为几个阶段？有什么特点？**

根据狐狸的行为表现、外生殖器官和阴道上皮细胞的变化，可将狐狸发情过程分为3个阶段。

（1）发情前期

母狐狸不安，在笼内游走，开始有性兴奋的表现；外阴部稍微肿胀；阴道涂片可见白细胞占优势，少见有核上皮细胞。此期银黑狐可持续2～3天，北极狐3～4天，个别母狐狸延续5～7天。

（2）发情期

此期母狐狸愿与公狐狸接近，公、母狐狸在一起玩耍时，母狐狸温驯；外阴部高度肿胀，差不多呈圆形；阴唇外翻，阴蒂外露呈粉红色，富有弹性，并有黏液流出，阴道涂片可见角质化无核细胞占多数。公狐狸表现也相当活跃、兴奋，频频排尿，不断爬胯母狐狸，经过几次爬胯后，母狐狸把尾翘向一边，安静地站立等候交配。此期银黑狐持续 2～3 天，北极狐持续 4～5 天。

（3）发情后期

母狐狸表现出戒备状态，拒绝交配；外阴部开始萎缩，弹性消失；外阴部颜色变得很深（呈紫色），而且上部出现轻微皱褶；阴道涂片又出现有核细胞和白细胞。此时将母狐狸放到公狐狸笼里，公狐狸不理母狐狸。

母狐狸发情各阶段的阴门变化和阴道分泌物变化见图 5-1。

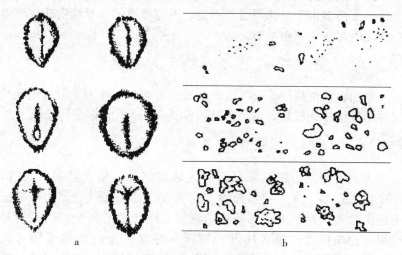

图 5-1　外阴部变化及阴道图片
a. 阴门的变化　b. 阴道分泌物的变化

## 109 什么是母狐狸的异常发情？

母狐狸的异常发情主要有以下几种。

（1）隐性发情

隐性发情（安静发情）指母狐狸发情时缺乏行为表现，但卵巢上却有卵泡生长发育、成熟和排卵。引起隐性发情的原因是有关生殖激素分泌不平衡，如当母狐狸激素分泌量不足时，发情表现就不明显。

（2）短促发情

短促发情指母狐狸发情期持续的时间非常短（0.5天），如果不注意观察，容易错过配种机会。其原因是卵巢上的卵泡发育中断或受阻，对后一种现象一定要注意再次发情的出现。

（3）延续发情

延续发情指母狐狸发情时间延续很长。其原因是母狐狸促性腺激素分泌不足，造成母狐狸卵巢上的卵泡交替发育。

（4）不发情

不发情多由于母狐狸营养不良、患有严重的全身性疾病或环境突变而引起（在繁殖季节）。

**110** 发情母狐狸能持续接受交配几天？

银黑狐发情持续5～10天，北极狐持续9～14天。但真正接受配种的发情旺期较短，银黑狐持续仅2～3天，北极狐4～5天。

**111** 如何判断公狐狸是否发情？

进入发情期的银黑狐公狐表现活泼好动，采食量有所下降，排尿次数增多，尿中"狐狸香"味变浓，对放进同一笼的母狐狸表现出较大兴趣。北极狐公狐的发情表现与银黑狐相似，采食量减少，趋向异性，愿意接近母狐狸，时常扒笼观望邻笼的母狐狸，并发出"咕咕"的叫声，有急躁表现。当把发情较好的母狐狸放入公狐狸笼中时，公狐狸会对母狐狸表现出极大的兴趣，除频频向笼侧排尿外，常与母狐狸嬉戏玩耍；触摸公狐狸睾丸可发现，阴囊无毛或少毛，睾丸具有弹性；如果用按摩法采精，可采到成熟精子。

**112** 怎样对母狐狸进行发情鉴定？

发情期母狐狸的生殖器官发生明显变化。在生产实践中，主要根据母狐狸行为表现、外阴部变化、阴道分泌物涂片镜检（图5-1）及试配观察，以及借助于发情测定仪进行发情鉴定。

（1）行为观察

母狐狸发情时行走不安，徘徊运动增加，食欲减退；排尿变频，尿液较浓呈黄绿色，经常往笼网磨蹭或用舌舔舐外生殖器官。发情盛期食欲废绝，不断发出急促的求偶叫声。发情后期活动逐渐趋于正常，食欲恢复，精神安定。

（2）外生殖器官检查

根据发情期母狐狸外生殖器官的形态变化进行判断，详见问题148。

（3）阴道分泌物涂片检查

根据母狐狸阴道分泌物中的有核细胞和白细胞的变化进行判断，详见问题108。

（4）放对试情

开始发情时母狐狸有趋向异性的表现，可与试情公狐狸玩耍嬉戏，但拒绝公狐狸爬胯交配，每当公狐狸爬胯时，尾巴夹紧并回头扑咬公狐狸，一般不能达成交配。发情期时母狐狸性欲旺盛，后肢站立，尾巴翘起静候或迎合公狐狸交配；遇有公狐狸性欲不强时，母狐狸甚至钻入公狐狸腹下或爬胯公狐狸，以刺激公狐狸交配。发情后期母狐狸性欲急剧减退，对公狐狸不理睬或有恶感，一般很难达成交配。

（5）测情器鉴定发情

目前，在狐狸养殖业较发达的国家，尤其是以人工授精为主的养狐狸场，利用测情器测试母狐狸的排卵期，已成为判定适配期或输精时间的重要手段。国内有些养狐狸场也开始应用测情器进行母狐狸发情鉴定。方法是：将测情器探头插入母狐狸阴道内，读取测情器所显示的数值，根据每次测定的数据记录确定母狐狸的排卵期。一般在每天相近的时间内进行测定，每天测定1次，当数值上升缓慢时也可以每天测定2次。当测情器读数持续上升至峰值（设为0天）后又开始下降时，即狐狸的排卵时间，此时为最佳交配或人工授精的适宜期（图5-2）。

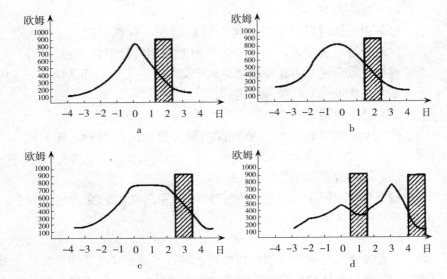

图 5-2　适宜的输精时间

a. 输精时间：在峰值急剧下降的当日和次日开始输精

b. 输精时间：在峰值出现后的第 2 日开始输精

c. 输精时间：出现峰值后，持续几天电阻值才下降，应在下降后再开始输精

d. 输精时间：第 1 次输精后，电阻值又继续增高时，应在第 2 次峰值下降后再次输精

## 113 狐狸配种有几种方法？

狐狸配种主要有自然交配和人工授精 2 种方法。

（1）自然交配

自然交配可分合笼饲养交配和人工放对配种。

1）合笼饲养交配　指在整个配种季节内，将选好的公、母狐狸放在同一笼内饲养，任其自由交配。目前国内已经不用，有些大场也只在配种后期，对那些不发情的或放对不接受交配的母狐狸采用此法。

2）人工放对配种　公、母狐狸隔离饲养，在母狐狸发情的旺期，再把公、母狐狸放到一起进行交配，交配后将公、母狐狸分开。一般采用连日或隔日复配，银黑狐复配 1~2 次，而北极狐应复配2～3次。目前国内养狐狸场基本都采用此法。

（2）人工授精

人工授精是用器械或其他人为方法采取公狐狸的精液，再用器械将精液输入已发情的母狐狸子宫内，以代替自然交配的方法。这是近十余年来在养狐业中广泛应用的一项新技术，对改良和提高我国地产狐狸的种群质量和毛皮质量起到了极大的促进作用。

## 114 人工放对怎样进行？

人工放对时，一般将母狐狸放到公狐狸笼内交配较好，因为如果将公狐狸放到母狐狸笼里，公狐狸要花费很长时间去熟悉周围环境，然后才能进行交配。如果母狐狸胆小，就应将配种能力强的公狐狸放到母狐狸笼交配。据观察，早晨、傍晚和凉爽天气公狐狸比较活跃，是放对配种的最好时间；中午和气温高的天气，公狐狸则表现懒惰，交配不易成功。

## 115 什么是试情放对？怎样进行？

有的幼狐狸在配种期发情表现不太明显（"隐性发情"），也有的母狐狸虽然外阴部变化较明显，但是拒绝交配，很难判定是否处于发情期。因此，以检查母狐狸发情程度，但不一定达成交配的放对称为试情放对。将母狐狸放入公狐狸笼中进行试情观察，处于发情前期的母狐狸，当放对时，虽然有兴奋表现，但公狐狸企图交配时，母狐狸却逃走或咬斗不休。又有的母狐狸虽温驯，外阴部变化也明显，但不抬尾，很难达成交配。对这类母狐狸一定要抓紧时间使其在2～3天内受配，可与公狐狸同笼放置一夜，这样不但能促进性欲，有时还能在夜间无任何干扰的情况下达成交配。

## 116 公、母狐狸交配行为与犬一样吗？

狐狸在交配时，一般公狐狸比母狐狸主动，先伸长嘴去嗅闻母狐狸的外阴部。公、母狐狸在一起玩耍一段时间后，母狐狸站立不动，将尾巴歪向一侧，静候公狐狸交配；公狐狸很快就会举两前足爬胯于母狐狸后背上，将鼠蹊部紧贴于母狐狸臀部，后躯前后频频抽动，两后肢频频地用力蹬踏笼网底，当见公狐狸后臀部尾根内陷，两前肢紧抱母狐狸腰部，静停1～2分钟，尾根轻轻扇动，即射精。射精后公狐狸从母狐狸身上跳下来，但由于阴茎和龟头高度充血膨胀而嵌留在阴道里，公、母狐狸仍然粘连在一起，形成连裆或两头挣的现象，这一特点和犬交配是一样的。此时不能强行将公、母分开，强制分开对母狐狸没有影响，但有损公狐狸阴茎。

## 117 狐狸交配时间一般多长？

银黑狐及彩狐一般交配时间15～20分钟，北极狐20～30分钟。个别有1～2分钟或3小时的。交配时间短的只见交配行为，但没见"连裆"时，应检查母狐狸阴道内容物有无精子，以确认是否交配，未交配上的要另找一个公狐狸与其交配。

## 118 公狐狸的配种能力如何？

一般1只公狐狸每日可交配2次，但间隔时间需3～4小时。由于公狐狸精子生成和性欲恢复都很快，在整个配种期内1只公狐狸可配2～3只母狐狸，个别的北极狐公狐可配8～9只，银黑狐公狐可配5～6只。

## 119 怎样提高初次配种狐狸的配种力？

初次参加配种的狐狸没有配种经验，应进行配种驯化。小公狐狸初次参加配种时，一般表现胆小，可以放到已配种的邻近笼舍里，使其见习配种过程，然后再将其放到已初配过的母狐狸笼内，诱导其交配；对性欲旺盛的小公狐狸，可以选择性情温驯、发情好的老母狐狸与其交配，或公、母狐狸合养，进行异性刺激，以促进小公狐狸尽快完成初配；也可以将小公狐狸与小母狐狸合笼进行异性刺激，对训练小公狐狸参加配种效果也较好，但所需时间较长；训练小公狐狸一定要有耐心，只要看到小公狐狸爬胯，或后躯颤抖等动作出现就要坚持训练；完成初配的小公狐狸为了巩固其交配能力，第二天或隔天还要令其与母狐狸进行交配。初配母狐狸第一次参加配种时，最好选用已参加过配种的公狐狸。

**120** 狐狸择偶性强吗？

与其他动物一样，公、母狐狸均有自己选择配偶的特性。若找到公、母狐狸相互投合的配偶，则可顺利达成交配；否则即使发情好的母狐狸，公狐狸也不理睬。因此，在配种过程中，要随时调换公狐狸，以满足公、母狐狸各自择偶的要求。在配种过程中，有的母狐狸已达到发情持续期，但仍拒绝多个公狐狸的求偶交配，如果将其放给以往达成交配的公狐狸，则会顺利达成交配，这也是择偶性强的表现。

**121** 怎样判断公狐狸的交配能力？

性兴奋的公狐狸活泼好动，经常在笼网上走动，有时跷起一后肢，斜着往笼网上排尿，有时也往食盆或笼网边角处排尿，此时尿色呈黄绿色、较浓，经常发出急促而短的求偶叫声。除上述行为外，对其睾丸触摸检查，也可判定公狐狸有无交配能力。睾丸发育正常、膨大，并下降到阴囊中，有鸽蛋大小，质地松软而具有弹性，是具有交配能力的表现；若睾丸较小，质地坚硬无弹性或没有下降到阴囊中（即隐睾），一般没有配种能力。

**122** 怎样合理利用种公狐狸？

一般种公狐狸均能参加配种，但不同个体配种能力不同。对那些配种能力强、性欲旺盛、体质好的种公狐狸可适当提高使用次数，但不要过度使用，以便在配种旺季充分利用。体质较弱的公狐狸一般性欲维持时间较短，一定要限制交配次数，适当增加其休息时间。对有特殊求偶、交配技巧的公狐狸，要控制使用次数，重点让其与难配母狐狸进行交配。在配种期间，哪些公狐狸在配种旺季使用、哪些公狐狸在配种后期使用，应做到心中有数。对配种旺季没有发情的公狐狸，仍要进行训练，不要失去信心，在配种后期这种公狐狸往往发挥重要的作用。部分公狐狸在配种初期表现很好，中途性欲下降，只要加强饲养管理，一般过一段时间能恢复正常性欲。

**123** 狐狸初配后为什么还要复配？

狐狸是自发排卵动物。一般银黑狐排卵发生在发情后的第 1 天下午或第 2 天早上，北极狐在发情后的第 2 天。卵子不是同时成熟和排出，而是陆续排出，银黑狐持续 2 天，北极狐可持续 2～3 天。所以初配 1 次以后，还要连续复配几次，直到母狐狸拒绝交配为止。有的狐狸交配之后间隔 1～2 天再次接受复配。银黑狐要力争复配 2 次，北极狐要复配 2～3 次，以利提高繁殖率。复配次数不宜过多，否则母狐狸生殖道受损易感染疾病。

**124** 交配次数会影响母狐狸的受胎率吗？

据报道，发情的第 1 天只有 13％的母狐狸排卵，发情的第 2 天有 47％，第 3 天 30％，第 4 天 7％。要想提高母狐狸的受胎率，最好是在母狐狸发情的第 2～3 天交配。据对 560 只母狐狸的试验结果统计表明，交配仅 1 次时，空怀率达到 30.9％；初配后第 2 天复配时，空怀率降到 14.7％；再次连续复配（配 3 次）时，空怀率降到 4.3％。

**125** 怎样提高种公狐狸的交配率？

根据公狐狸个体配种能力和特点等，合理编制放对计划。放对时间应安排在早晨或傍晚。狐狸场环境要肃静，要尽量减少噪声和人员走动干扰。午间应补饲，以保证种公狐狸有健康的体况和良好的精液品质。

**126** 为什么要检查种公狐狸的精液品质？如何检查？

精液的品质，直接影响母狐狸的繁殖效果，所以应及时检查和发现精液品质不良的公狐狸。精液品质检查应在 18～20℃的室内进行，用直径 0.8～1.0 厘米、长约 15 厘米的玻璃棒或吸管，轻轻插入刚配完的母狐狸阴道内 5～7 厘米处，蘸取或吸取少量的精液，涂在载玻片上，置于 200～600 倍显微镜下观察。先确定视野中有无精子，然后再观察精子的活力、形状和密度。精子数量较多，运动活泼，呈直线前进，状如蝌蚪，头尾可分，大小均匀无畸形（缺头、双头、缺尾、双尾、卷尾等），即正常。如镜检发现无精子，或精子很少、活力不强等，应更换种公狐狸补配。经 2～3 次检查，精液品质仍较差的公狐狸不允许再参加配种，已交配过的母狐狸应更换公狐狸补配。

**127** 怎样做好配种狐狸的观察护理工作？

狐狸在配种过程中，饲养人员要认真观察和护理，做好交配记录，这是保证配种质量的重要环节。应注意母狐狸是否真受配，公、母狐狸是否有敌对行为，如互相咬架，应马上分开。捉放狐狸时，要准确、迅速，防止抓伤和抓错放错。严防跑狐狸。

**128** 母狐狸的妊娠时间有多长？

银黑狐 50～61 天，北极狐 50～58 天。银黑狐和北极狐的平均妊娠期为 51～52 天。银黑狐 51～55 天的占 95% 以上，北极狐52～56 天的占 84% 以上。

**129** 如何推算狐狸的预产期？

为提高仔狐狸的成活率，应加强对产仔母狐狸的护理工作，因此，应在配种结束后，将母狐狸的预产期推算出来。母狐狸预产期推算法：以母狐狸最后一次受配日期算起，月份加 2，日期减 7；如果日期减 7 后为负数，则先把月份去掉 1 个月（1 个月按 30 天计算），然后用 30 减去负数的数值即为产仔日。例如，某母狐狸最后一次交配是在 2 月 10 日，那么它的预产期推算为：2＋2＝4（月份），10－7＝3（日期），即该母狐狸的预产期在 4 月 3 日左右。又如某狐狸配种结束在 3 月 1 日，预产期推算为：3＋2＝5（月份），因为

1—7＝—6（日期），所以应为 30—6＝24（日期），那么其预产期在4月24日。

## 130 狐狸妊娠后胚胎如何发育？

狐狸胚胎在妊娠前半期发育较慢，后半期发育很快。妊娠30天以前胚胎重1克，35天时5克，40天时10克，48天时65～70克。母狐狸妊娠23～26天后胚胎身长为3～4厘米，30～33天时7～8厘米，重达5克。到产仔时，银黑狐及彩狐仔狐狸初生重为80～130克，北极狐仔狐狸60～90克。

## 131 狐狸妊娠中断的原因是什么？如何预防？

胚胎在妊娠的不同阶段均可发生死亡，造成妊娠中断。狐狸早期胚胎死亡比较多见，主要由于母狐狸营养不足、维生素缺乏等；死亡的胚胎多被母体吸收，妊娠母狐狸腹围逐渐缩小。胎儿长大后死亡会引起流产，多由于母狐狸食入变质饲料或疾病引起。

妊娠期母狐狸受到应激（噪声、异色异象、寒暑等）会造成心理紧张、不适和行为失常等，影响胚胎的正常发育。因此，在母狐狸的妊娠期，除了按饲养标准供给营养外，还要保证养狐场的安静，杜绝参观和机动车辆进入。饲养人员要细心看护，防止狐狸逃跑。

## 132 母狐狸产仔前应做好哪些准备工作？

狐狸产仔前10～15天，应将笼箱清扫、消毒，铺上保温垫草。小室消毒可用喷灯火焰灭菌，也可用2%碱水洗刷干净。产箱保温用的垫草以柔软、不易碎、无芒刺、泥土少的为好，如山草、软杂草、乌拉草等。絮草量可根据当地气候灵活掌握。高纬度的东北地区比较寒冷，要多絮些草；低纬度的河北、山东地区，因产仔季节到来时天气已变暖，保温要求不那么严格，但也要有絮草。因絮草除具有保温作用外，还有利于仔狐狸抱团和吮乳的作用。絮草时要用软杂草将产箱四角压实，产箱的缝最好用纸糊好或用塑料布、油毡纸钉好。絮草应在产前一次絮足，否则产后缺草时，临时补给会使母狐狸惊慌不安。

**133** 狐狸一般在什么时间产仔？为什么国外引种狐狸产仔的时间拖后？

狐狸的产仔期虽然依地区不同而有所差异，但银黑狐多半在 3 月下旬至 4 月下旬产仔，北极狐在 4 月中旬至 6 月中旬产仔。英系北极狐的产仔旺期集中在 4 月下旬至 5 月，占总产胎数的 85.5％，6 月 1 日以后产的只占 4.9％。

不少地区狐狸配种和产仔期拖后，也不集中，有的狐狸已经产仔，有的狐狸却刚刚发情配种。这是由于这些狐狸多从国外引入，引种时间晚（12 月至翌年 1 月），对我国新的饲养条件尚不适应，加之引入后马上就进入配种期，正常的繁殖机能受到了干扰。一般经过 1～2 年饲养后，通过严格选种，将不适于留种的狐狸淘汰掉，筛选出优良狐狸作为种狐繁殖，就会渐渐改善这一现象。

**134** 母狐狸的产程多长时间？

临产前 1～2 天，母狐狸拔掉乳头周围的毛，并拒食 1～2 顿。产仔多半在夜间或清晨，产程需 1～2 小时，有时达 3～4 小时。母狐狸每间隔 10～30 分钟产出 1 只仔狐狸。

**135** 母狐狸难产有哪些表现？如何助产？

母狐狸已到临产，但迟迟不见胎儿产出；母狐狸惊恐不安，频频出入小室，经常回视腹部，不断取蹲坐排粪姿势或舔外阴部；或已见羊水流出，但长时间不见胎儿娩出；有时见到胎儿嵌于生殖孔，这些均为难产的征象。

发现难产并确认子宫颈口已开张时，可肌内注射脑垂体后叶素 0.2～0.5 毫升或肌内注射 0.05％麦角 0.1～0.5 毫升，进行催产。经 2～3 小时后，仍不见胎儿娩出时，可行人工助产，即用消毒液作外部消毒之后，以甘油作阴道内润滑剂，将胎儿拉出。经催产和助产均未见效时，可根据情况进行剖宫取胎手术，以挽救母狐狸和胎儿。也可用前列腺素和催产素混合物（0.3 毫克前列腺素和 10 国际单位合成催产素 2 毫升）注入子宫内，经催产仍无效时，根据情况立即剖宫取胎。

**136** 狐狸一胎能产多少仔？仔狐狸初生重是多少？

狐狸是多胎动物。银黑狐及彩狐平均 1 胎产 4～5 只，最多产 9 只，仔狐狸初生重为 80～130 克。北极狐平均 1 胎产 7～8 只，最多可达 22 只，仔狐狸初生重为 60～90 克。

**137** 仔狐狸出生时的状态如何？多少日龄开始睁眼、出牙、吃食、断奶？

初生仔狐狸闭眼，无听觉，无牙齿，身上胎毛稀疏，呈灰黑色。仔狐狸出生后 1～2 小时，身上胎毛干后，即可爬行寻找乳头吮乳，吃乳后便沉睡，直至再行吮乳时才醒过来嘶叫，每隔 3～4 小时吃乳 1 次。仔狐狸在生后 14～16 天睁眼、出牙；20～25 天开始吃饲料，30 天以后食量猛增，应进行人工补饲，补饲标准见表 5-1。生后 45～60 天进行人工断奶分窝。

表 5-1　不同日龄仔狐的补饲标准

| 日龄 | 补饲量（克/日） | |
| --- | --- | --- |
| | 银黑狐 | 北极狐 |
| 20 | 70～125 | 50～100 |
| 30 | 180 | 150 |
| 40 | 280 | 250 |
| 50 | 300 | 350 |

**138** 如何判断仔狐狸的健康状况？

健康的仔狐狸，全身干燥，叫声尖、短而有力，体躯温暖，成堆地卧在产房内抱成团，大小均匀，发育良好；拿在手中挣扎有力，全身紧凑；生后14～16天睁眼，并长出门齿和犬齿；18～20日龄时开始吃由母狐狸叼入的饲料。弱仔则胎毛潮湿，体躯凉，在窝内各自分散，四面乱爬，握在手中挣扎无力，叫声嘶哑，腹部干瘪或松软，大小相差悬殊。

**139** 母狐狸产仔检查在什么时间进行合适？

初次产仔检查，一般在产后24～48小时进行；以后的检查可根据听、看的情况而定。检查时间应根据产仔时间灵活确定，如早上产仔，可在下午喂饲时或第2天早饲时检查；夜间产仔，应在下午喂饲时检查。因为母狐狸产仔后，大部分时间在哺乳仔狐狸，只有在排泄、饮水和吃食时离开产箱，所以，刚产完仔时不宜马上检查，等母狐狸出来吃食时再进行产仔检查为宜。如果母狐狸母性好、护仔性强，很少出入窝箱，总在窝箱里，就不必强行驱赶它；若窃听到仔狐狸叫声正常，应保持安静，少检查或不检查。如发现母狐狸不在小室内哺育仔狐狸，或者仔狐狸叫声嘶哑、声音越来越弱，说明母狐狸母性差或缺奶，应立即进行急救或代养。因为环境嘈杂或检查惊扰母狐狸，母狐狸会叼着仔狐狸在笼内不安走动或跳动，此时应将母狐狸赶进产箱内，插上小室门，0.5～1小时后打开，同时给予充足饮水、饲料，以杜绝叼仔现象。

**140** 产仔检查的内容和方法有哪些？

产仔检查是保活的重要措施，采取听、看、检相结合的办法进行。①听，即听仔狐狸的叫声。②看，即看母狐狸的吃食、粪便、乳头及活动情况。若仔狐狸很少嘶叫，嘶叫声洪亮、短促有力，母狐狸乳头红润、饱满，活动正常，食欲好，则说明仔狐狸健康正常。否则就不正常，要随时进行检查。③检，就是打开小室直接检查仔狐狸的情况，如了解产仔数、仔狐狸的发育和健康状况，以及母狐狸乳的质量，以便及时发现问题，减少仔狐狸的死亡。检查方法：先将母狐狸引出小室到笼内，关好插板，然后检查仔狐狸。检查时手上不要带有异味，可带上线手套，或者用小箱内垫草擦手。仔狐狸在窝中抱成一团，发育均匀，浑身圆胖，肤色较深，身上温暖，拿到手里挣扎有力，说明仔狐狸健康并已吃上母乳（吃上乳的仔狐狸嘴巴黑，肚腹增大），这时记录产仔数，盖上箱盖。如果有死亡仔狐狸，应及时检出；弱仔则胎毛潮湿，发育不良、毛色浅、身发凉，散乱分布在窝箱内，四处乱爬，拿在手里挣扎无力，叫声嘶哑，腹部干瘪或松软，以及脚趾间见有红肿破溃（红爪病），大小相差悬殊，这时应及时代养，代养不了的应将其中最弱的仔狐狸扔掉。

**141** 一只母狐狸能抚养多少只仔狐狸？

母狐狸有乳头4～5对。一般银黑狐能抚养6～9只仔狐狸，北极狐能抚养10～11只。如果银黑狐产仔超过9只，北极狐产仔超过12只，就需要代养，否则很难成活。

**142** 怎样进行代养？

代养就是将母性不好、缺奶或没奶的产仔母狐狸的仔狐狸移送给其他产仔母狐狸（"乳娘"），让这些仔狐狸吃上初乳，直至母、仔狐狸都健康能正常哺乳后，再让其回原窝饲养。代养的方法：①将仔狐狸放入"乳娘"窝箱口，让"乳娘"自行叼入；②用"乳娘"窝里的絮草或粪便擦拭仔狐狸的嘴、肛门等部位，使其气味相同后，直接将仔狐狸混入其他仔狐狸中。

**143** 什么样的产仔母狐狸能当"乳娘"？

①"乳娘"的产仔时间要与被代养母狐狸产仔时间相近（相差不超过2天）；②"乳娘"的母性好、泌乳力强；③"乳娘"的产仔数要少。

**144** 仔狐狸断奶一般采用什么方法？

到40～45日龄（体重达到1 500克）时，大部分仔狐狸能够独立采食和生活，应适时断乳。断乳太迟会对母狐狸体况恢复造成不良影响。如果同窝的狐狸发育均匀，可一次全部断乳，即先将母仔分开，仔狐狸在窝箱内饲养1～2天，之后再按性别每2只放在一笼内饲养，到80～90日龄改为单笼饲养。如果同窝仔狐狸发育不均匀，可先将体大、采食能力好的仔狐狸分出来，剩下体质较弱的继续留给母狐狸抚养一段时间再分出。

**145** 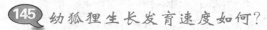 幼狐狸生长发育速度如何？

断奶后幼狐狸生长发育很快，各月龄的体重见表5-2。

表5-2  幼狐狸各月龄体重（克）

| 品种 | 月龄 | | | | | |
| --- | --- | --- | --- | --- | --- | --- |
| | 1 | 2 | 3 | 4 | 5 | 6 |
| 银黑狐 | 700～750 | 1 700～1 800 | 2 700～3 000 | 3 700～4 000 | 4 500～4 900 | — |
| 北极狐 | 650 | 1 800 | 2 500 | 3 800 | 4 500 | 5 000 |

**146** 哺乳期仔狐狸要闯哪三关？

仔狐狸在出生后的20天内完全依靠母乳来满足其生长发育的需要。据统计，在正常饲养情况下，无特殊传染病及中毒发生时，哺乳期仔狐狸死亡率出现3个高峰：①5日龄死亡率占哺乳期死亡率的47%，占总死亡率的41%。原因是母狐狸妊娠期饲喂发霉变质的饲料、饲料单一或营养不全价、维生素供给不足、缺乏微量元素等，导致妊娠期胎儿发育终止，呈死胎、烂胎。初生仔狐狸生后若24小时内吃不上初乳，往往造成全窝饿死。产箱保温不良，仔狐狸冻死；或患病死亡、压死、咬死等。②仔狐狸10～15日龄内死亡率占哺乳期死亡率的24%。③20～25日龄内死亡率占哺乳期死亡率的14%，占总死亡率的12%。其死因主要是饲养条件差，产弱仔，母狐狸缺奶或无奶造成仔狐狸饿死；以及环境噪声、异味、惊吓、缺水等。

**147** 狐狸繁殖力的评价指标有哪些？

所谓繁殖力，指维持正常繁殖功能生育后代的能力，即在一生或一段时间内繁殖后代的能力。繁殖力的评价指标包括以下几项主要内容。

（1）受配率

用于配种期考察母狐狸交配进度的指标。

受配率＝达成配种的母狐狸数/参加配种并发情的母狐狸数×100%

（2）产仔率

用于评价母狐狸妊娠情况。

产仔率＝产仔母狐狸数（包括流产数）/实配母狐狸数×100%

（3）胎平均产仔数

用于母狐狸产仔能力的测定。

胎平均产仔数＝仔狐狸数（包括流产和死胎）/产仔母狐狸数

（4）群平均产仔数

用于评价整个狐狸群产仔能力。

群平均产仔数＝仔狐狸数（包括流产和死胎）/配种期存栏母狐狸数

（5）成活率

用于衡量仔、幼狐狸培育情况。

成活率＝现活仔狐狸数/所产仔狐狸数×100%

（6）年增值率

用于衡量年度狐狸群变动情况。

年增值率＝（年末只数－年初只数）/年初只数×100%

（7）死亡率

用于衡量狐狸群发病死亡的情况。

死亡率＝死亡只数/年初只数×100%

**148** 狐狸的人工授精有哪些优点？

（1）提高优良种公狐狸的配种能力

1只公狐狸自然交配时最多交配5只母狐狸，而采用人工授精时，1 只公狐狸的精液可输给 50～100 只母狐狸。

（2）加快优良种群的扩繁速度，促进育种工作进程

人工授精能选择最优秀的公狐狸精液用于配种，使优良遗传基因的影响显著扩大，从而加快狐狸改良和新品种、新色型扩繁培育的速度。

（3）降低饲养成本

人工授精可减少种公狐狸的留种数，节省饲料和笼舍的费用支出，减少饲养人员的数量，从而可降低饲养成本。

（4）可进行狐属和北极狐属的种间杂交

狐属的赤狐、银黑狐与北极狐属的北极狐，由于发情配种时间不一致而造成了生殖隔离现象，采用人工授精技术可完成狐属与北极狐属之间的杂交。

（5）减少疾病的传播

人工授精可人为隔断公、母狐狸的接触，减少一些传染性疾病的传播与扩散。

（6）提高母狐狸的受胎率

人工授精所用的精液都经过品质检查，保证质量要求，对母狐狸经过发情鉴定，可以掌握适宜的配种时机。

（7）克服交配困难

生产中常因公、母狐狸的体型相差较大，择偶性强或母狐狸阴道狭窄、外阴部不规则等出现交配困难。利用人工授精技术可解决上述问题。

**149** 狐狸的人工授精技术主要包括哪些？

狐狸的人工授精技术主要包括采精、精液品质检查、精液的稀释、精液的保存和输精。

**150** 怎样采精？

狐狸的采精方法有按摩采精法、假阴道采精法和电刺激采精法。目前普遍应用的是按摩采精法（手指采精法），具体方法如下。

①应选择壮年、体大、毛绒好、遗传性稳定的公狐狸。

②采精前，用经 0.1‰～0.2‰新洁尔灭溶液浸泡的毛巾拭擦被采精狐狸的腹部和会阴部。

③将公狐狸放在采精架上，无采精架时，可由一人保定头部，一人保定尾部，使其站在采精台上。

④采精开始时先按摩公狐狸睾丸和会阴部，按摩数秒后，采精者拇指、食指、中指呈握笔式，即拇指、食指在公狐狸阴茎两侧，中指在阴茎腹面撸压。开始时撸压阴茎包皮，然后撸压阴茎两侧和腹面。撸压开始时要快，每秒 4～5 次，撸动幅度 7～8 厘米。撸压 5～7 秒后，阴茎勃起，随之阴茎中部的球状海绵体膨大。这时只能撸压球状海绵体后部的阴茎，撸压速度减慢，每十秒撸压 12～13 次，并稍用力撸压球状海绵体，撸压 5～7 秒或十几秒，公狐狸开始射精。首先射出的是尿道球腺分泌物，白色透明尿样，大约 2 毫升；接着射出的是乳白色液体，是附睾内的精子和前列腺分泌物的混合液体，含有大量的精子。整个撸压采精过程需几十秒，最多不超过 2 分钟。银黑狐采精需用手指挤掐龟头尖部。

狐狸射精是在球状海绵体膨大之后开始的，因此，第一次射出的液体应弃之不用，接精应是在压球状海绵体膨大后开始，将集精杯（管）罩在龟头上，收集第二次射出的乳白色液体，并立即送到精液处理室。精液在处理室应放在 37～38℃温水中待检。

### 151 精液品质检查的内容和方法是什么？

精液品质检查主要是对精液量、颜色、气味、精子活率、密度和畸形等是否符合要求进行评价。将符合要求的精液在确定稀释倍数并经再次检查精子存活情况后，输入母狐狸生殖道中。

（1）一般直观检查

一般直观检查包括精液量、色泽、气味、状态等。成年银黑狐一次射精量为 1～1.8 毫升，当年幼狐狸为 0.5～0.8 毫升，平均为 0.9 毫升；北极狐一次射精量为 0.25～2.5 毫升，平均为 0.5～0.6

毫升，主要指中段精液。狐狸的精液若出现非常特殊浓厚的腥味，如臭味、腥臭味，则表明出现了炎症。精液呈乳白色，混浊不透明，如云雾状；云雾状越明显，越呈乳白色，表明精子的活率和密度越高；如色泽异常，有凝固和块状物质，表明生殖器官有疾病。精液呈绿色表明混有脓液；呈淡红色表明混有血液；呈黄色表明混有尿液。此外，精液中有毛绒、尘土和其他杂质时，精子因趋向性以头部紧附异物周围摆动而终止了前进运动，这样的精子不能参与受精过程，应废弃。

（2）精子活力检查

精子活力检查主要检查精子的运动方式和精子活率。精子的运动方式有前进运动、转圈运动和原地摆动3种类型。合格的精子在显微镜下观察呈直线前进运动。

精子活率（精子活力）指精液中具有直线前进运动能力的精子比例。精子活力与精子受精能力呈正相关，是精液品质评定中非常重要的指标。其方法是在室温18～25℃条件下，取1滴精液于载玻片上，加上盖玻片，将显微镜调至200～400倍，挑选5个视野计数。若全部精子呈直线前进运动，则为1.0级；若90％的精子呈直线前进运动，则评为0.9级；依此类推。用于授精的精子活力要求在0.7级以上。

（3）精子密度检查

有目测法和红细胞计数板测定2种方法。红细胞计数板测定较复杂，生产中并不实用，目测法在生产中更实用。目测法是取原精液用滴压法制片，在400倍镜下观察，随机抽取5个视野的精子进行计数，精子密度可按下列方式计算：精子密度＝平均每个视野精子数$\times 10^6$个/毫升。按精子密度范围可粗略分为密、中、稀三级。

（4）精子畸形率的测定

以毛细管取1滴精液于洁净载玻片B的一端，另一载玻片A以30°角自B片另一端拖向该滴精液，待其边缘与精液充分接触后，向相反方向推去，如此即做成均匀的精液抹片。抹片自然干燥后用 0.5％龙胆紫酒精溶液数滴染色 3 分钟，以流水缓缓冲去染料，待干后镜检。其计算公式为：

畸形率＝畸形精子数/计算精子总数（正常＋畸形）×100％

若畸形精子数量较多，则将影响受胎率。狐狸要求精子畸形率不应超过 18％。

**152　精液稀释的目的和作用是什么？**

精液稀释是在精液中加入适宜于精子存活并保持受精能力的稀释液，以降低精子能量消耗，补充适量营养和保护物质，抑制精液中微生物活动，从而延长精子存活时间，扩大精液容量，增加公狐狸的配种数量，也便于精子的保存和运输。

**153　怎样配制狐狸的精液稀释液？**

（1）精液稀释液须符合的条件

①能保证供给精子所需营养，延长存活时间；②与精液有相等的渗透压，对精子细胞膜不起破坏作用；③酸碱度适合精子要求，并有缓冲作用；④能够减少甚至消除副性腺分泌物对精子的有害作用；⑤成本低，制备容易，易于扩大推广。

（2）常用稀释液的主要成分

1）扩充剂（稀释剂）　扩大精液量的填充成分，此物质的剂量必须与精液等渗，如氯化钠、葡萄糖、果糖、蔗糖等溶液。

2）营养剂　提供营养。常用单糖、奶、卵黄等。

3）保护剂　保护精子。其中中和、缓冲剂采用柠檬酸钠（二水）、三羟甲基氨基甲烷（Tris）、碳酸氢钠等用来维持适宜的 pH。为降低精液中的电解质浓度，也常加入氨基乙酸等非电解质。

4）冷冻剂　为消除或减轻由于形成冰晶对精子的伤害，常加入甘油、二甲基亚砜等。

5）抗菌剂　为抑制微生物繁殖对精子的危害，常加入青霉素、链霉素、氨苯磺胺等。

6）其他添加成分　为改善精子对外的适应性，以利提高受胎率，促进合子发育，常加入酶类，如过氧化氢酶、β-淀粉酶；激素类，如催产素、前列腺素 E 型；维生素类，如维生素 $B_1$、维生素 $B_{12}$、维生素 C 等。

**154** **常用的狐狸精液稀释液配方有哪些？**

狐狸常温精液稀释液的保存方法最为方便、价廉实用，适宜精液常温短期保存（4 小时），此稀释液也可作狐狸鲜精液的稀释保存。

（1）柠檬酸钠稀释液

柠檬酸钠 3.8 克，蒸馏水 100 毫升，每毫升加入青霉素 1 000 单位、链霉素 1 000 微克。

（2）IVT 变温稀释液

IVT 变温稀释液包括基础液和稀释液两部分，补充二氧化碳 20 分钟，调 pH 至 6.3。其中，基础液：柠檬酸钠 2 克、碳酸氢钠 0.21 克、氯化钾 0.04 克、葡萄糖 0.3 克、氨苯磺胺 0.3 克、蒸馏水 100 毫升。稀释液：基础液 90 毫升、卵黄 10 毫升、青霉素 1 000 单位、链霉素 1 000 毫克。

（3）氨基乙酸稀释液

氨基乙酸 1.82 克、柠檬酸钠 0.72 克、卵黄 5 毫升、蒸馏水 100 毫升、青霉素 1 000 单位/毫升。

**155** **配制精液稀释液时应注意哪些问题？**

精液稀释液的温度应与精液温度相等。稀释时应将稀释液倒入精液内，而不能将精液倒入稀释液内。倒入时应沿集精杯管壁缓慢倒入，轻轻搅拌，使之混合均匀。稀释倍数应按所配母狐狸数量而定，不能盲目扩大稀释倍数。不同动物的稀释液特性不同，不应乱用。

**156** **怎样确定精液的稀释倍数？**

采出的精液应按输精标准，确立合理的稀释倍数，才能使母狐狸受精。输精标准为：活力大于 0.8；一次输入精子数不少于 3 000万个，实际生产上每次输入 5 000 万至 1 亿个；畸形率小于 18%，输精量控制在 1~1.5 毫升。据此：

$$精液最大稀释倍数 = \frac{原精液每毫升呈直线前进运动精子数}{稀释后每毫升应有的呈直线前进运动精子数}$$
$$= x/y$$

式中：$x$——精液量×精子密度×活力；

$y$——每头份应输入的呈直线前进运动精子数/每头份
应输入的精液容积（量）。

［例］1 只公狐狸采精量为 0.6 毫升，精子密度 $6×10^8 = 6$ 亿个/毫升，活力 0.8，每头份输入呈直线前进运动精子数 5 000 万个（$5×10^7$个），每头份输入精液量 1 毫升，应对原精液稀释多少倍？

则：$x = 0.6$ 个毫升×（$6×10^8$）个/毫升×0.8 = $2.88×10^8$（个），$y = 5×10^7$个/1 毫升 = $5×10^7$（个），最大稀释倍数 = $2.88×10^8/5×10^7 = 5.76$（倍）。精液稀释倍数不应超过 6 倍，稀释完一定要检查活力。

**157** 如何保存稀释后的狐狸精液？

精液保存方法有低温保存、常温保存和冷冻保存 3 种。前 2 种目前常用。

（1）低温保存

将稀释后的精液，最好按一个授精剂量分装于消毒过的小试管、安瓿或塑料细管内，封口，再用多层纱布包裹，放入塑料袋内，然后保存在 0~5℃的冰箱中，此法有效保存期可达 7 天。

（2）常温保存

将与稀释液等温（28~32℃）稀释后的精液分装于小试管或安瓿内，严密封口后置于温度 15~20℃的冰箱中保存。此法有效保存期4 小时左右。常温保存精液，只要温度不低于 25℃，便可直接用于授精。如果使用需要逐渐升温至 25℃左右，可用手握升温或室内放置 30 分钟左右进行自然升温，也可 35℃ 左右温水浴中升温。

**158　为什么必须正确进行狐狸的输精？**

输精也称为"授精"，是人工授精工作中的一个重要环节。受胎率与授精的时机、标准、方法等有着密切关系。

**159　狐狸输精器材主要有哪些？**

狐狸用输精器略似注射针头，总长 24 厘米，粗 0.3 厘米，在尖部 4 厘米处变细，针尖封死呈球状，在球部后方有一小孔，距尖部 2.5 厘米处有曲弯。狐狸的阴道扩张器亦称开膣器，为一硬质塑料管，长 13 厘米，外径 0.9 厘米，内径 0.5 厘米，一端圆滑无棱，用于撑开狐狸阴道。输精用 2.5 毫升一次性注射器，输一次精液换一支新的，避免交叉重复使用。输精器和开膣器每只母狐狸用一套，使用后统一消毒。

**160　狐狸的精液应输到哪个部位？**

狐狸人工输精必须输到子宫颈内 1.5～2 厘米处。子宫内输精方法受胎率高，被国内外养狐场普遍采用。

**161　狐狸的最佳输精时机是什么时候？**

狐狸的最佳输精时机应选择在母狐狸发情期，即：①阴门呈圆形而且外翻，颜色变深，并有乳白色黏性分泌物；②阴道涂片检查为有核角化细胞减少而无核角化细胞增加（占 70% 左右），圆形细胞极少；③用发情检测仪测定阴道电阻值迅速上升，达到 750 欧姆 ±200 欧姆，峰值陡然下降后 1 天给银黑狐输精，峰值下降后 2 天给北极狐输精为宜。

**162　什么样的精液才能给母狐狸输精？**

在使用新鲜精液输精时，精子活力不低于 0.7，有效精子数不少于3 000万个（5 000万至1亿个）。在精液供应充足的情况下，应尽量增加输入直线前进运动的精子数，但每次输精量要控制在1～1.5毫升为宜。每天1次，每只母狐狸输2～3次。

**163 生产中采用什么方式进行狐狸的输精？**

（1）站立输精法

一人保定受配母狐狸的头部，一人保定尾部。输精员一手托住母狐狸腹部，另一手将扩张器插入母狐狸阴道内。扩张器端部与子宫穹隆相接触，所以托腹部的手可依据扩张器的位置摸到子宫颈，并用拇指、食指捏住，另一手将吸有精液的输精器顺扩张器内插入，当感到有阻力时稍退约0.3厘米，向上挑并前进，如无阻力即进入宫颈。这时两只手配合，全凭感觉找到子宫颈口，将输精器向深部插进2～3厘米，将精液注入子宫颈口内。输精器不能插得太深，太深容易将精液注入子宫角，影响受胎。

（2）倒立输精法

输精时一人握住母狐狸两后肢，头朝下，尾朝上，使之倒立。这样子宫颈在子宫的带动下会自然下沉，子宫颈穹隆消失，而出现一凹坑，输精时只要将精液输到阴道深部即可。输后要继续倒立10分钟，精液会自然地沿子宫颈孔道下沉，精子即自然地进入子宫、子宫角。

**164 输精后母狐狸阴道流血是怎么回事？**

输精后有的母狐狸阴道流血，或输完精拉出输精器时带有鲜血，表明输精器伤及子宫颈部，这些都是操作不当引起的。输精技术不熟练，或者输精器穿透阴道进入腹腔，长时间生硬操作，机械损伤，导致出血。可肌内注射安络血0.5毫克，并肌内注射青霉素80万单位，每天2～3次；也可用5％～10％拜有利（德国拜耳公司产的动物用超广谱抗菌剂），狐狸每千克体重肌内注射0.5毫升，1天1次，效果较好。

**165** 输精时个别母狐狸输不进精液是怎么回事？

①大多数是由于母狐狸发情不到期或过期，子宫颈口过紧；②幼狐狸由于子宫颈细小，输精时不好把握；③母狐狸腹部皮下脂肪太厚，左手摸不到子宫颈，更把握不住，输精较难。

# 六、育　　种

**166　狐狸的选种依据是什么？怎样进行狐狸的选种工作？**

狐狸的选种应以个体品质、谱系鉴定和后裔鉴定等综合指标为依据。狐狸的选种是一项长年性工作，可分为初选、复选和精选。

（1）初选

初选在5—6月进行。成年公狐狸配种结束后，根据配种能力、精液品质、所配母狐狸产仔数量、健康状况和体况恢复情况进行初选；母狐狸断奶后，按繁殖力、泌乳力、母性等情况，进行初选；当年幼狐狸在断奶后分窝时，根据同窝仔狐狸数及生长发育情况、出生早晚，也进行一次初选。初选留种数要比计划留种数多留40%～50%。

（2）复选

复选在9—10月进行。根据狐狸的个体脱毛、生长发育、体况恢复情况，在初选的基础上进行复选。这时要比计划留种数多留25%～30%。

（3）精选

精选一般在11—12月进行。主要是淘汰不理想的个体，最终落实组成留种狐狸群。种狐狸留种的原则是公狐狸应达一级，母狐狸应达二级以上。

**167　怎样鉴定银黑狐的毛绒品质？**

银黑狐毛绒品质的鉴定指标见表6-1。

表 6-1　银黑狐毛绒品质鉴定标准

| 项　目 | 一级 | 二级 | 三级 |
|---|---|---|---|
| 综合印象 | 优秀 | 良好 | 一般 |
| 银毛率（%） | 75～100 | 50～75 | 25～50 |
| 银毛颜色 | 珍珠白色 | 白色 | 微黄 |
| 健康状况 | 优 | 良 | 一般 |
| 银色强度 | 大 | 中等 | 小 |
| 银环大小（宽） | 10～15 厘米 | 6～10 厘米 | 6 厘米或>15 厘米 |
| "雾" | 正常 | 重 | 轻 |
| 尾的颜色 | 黑色 | 阴暗 | 暗褐色 |
| 尾端白色大小 | >8 厘米 | 4～8 厘米 | <4 厘米 |
| 尾端形状 | 宽圆柱形 | 中等圆柱形或粗圆锥形 | 窄圆锥形 |
| 躯干绒毛颜色 | 浅蓝色 | 深灰色 | 灰色或微灰色 |
| 背带 | 良好 | 微弱 | 没有 |

**168** 什么是银毛率？

依照银黑狐身上银色毛所占的面积而定。银色毛的分布由尾根至耳根为 100%，由尾根至肩胛部为 75%，尾根至耳之间的一半为 50%，尾根至耳间的 1/4 为 25%。种狐狸的银毛率应达到 75%～100%。

**169** 什么是银毛强度？

按照银黑狐身上银色毛分布的多少和银毛上端白色部分（银环）的宽窄来衡量，可分为大、中、小三类。银环越宽，银色强度越大，银色毛越明显。种狐狸以银色强度大为宜。

**170** 什么是银环颜色？

银环颜色指银黑狐每根银毛上银环的颜色，可分为纯白色、白垩色、微黄或浅褐 3 种类型。其宽度可分为宽（10～15 毫米）、中（6～10 毫米）和窄（小于 6 毫米）3 类。种狐狸银环颜色要纯白而宽，但宽不应超过 15 毫米。

**171** **什么是银黑狐的"雾"？**

银黑狐每根针毛的黑色毛尖露在银环之上，使银黑狐的毛被形成"雾"状。如果黑色毛尖很小，称"轻雾"；银环窄，且位置较低，称"重雾"。种狐狸以"雾"正常为宜，轻或重均不理想。

**172** **什么是银黑狐脊背上的黑带？**

银黑狐脊背上针毛的黑毛尖和黑色定型毛形成黑带。有时这种黑带虽然不明显，但用手从侧面往背脊轻微滑动，就可看清。种狐狸以黑带明显为宜。

**173** **银黑狐尾的形状有几种？**

银黑狐尾的形状可分为宽圆柱形和圆锥形。尾端的白色部分可分为大（大于 8 厘米）、中（4～8 厘米）、小（小于 4 厘米）；其颜色分为纯白、微黄和掺有黑色等三类。种狐尾以宽圆柱形、尾端白色部分纯白而大为宜。

**174** **银黑狐种狐针、绒毛长度和细度一般是多少？**

正常情况下，银黑狐针毛长 50～70 毫米，绒毛长 20～40 毫米；针毛细度 50～80 微米，绒毛细度 20～30 微米。

**175** **怎样鉴定北极狐的毛绒品质？**

北极狐毛绒品质的鉴定指标见表 6-2。

表 6-2　北极狐毛绒品质鉴定标准

| 项　目 | 一　级 | 二　级 | 三　级 |
| --- | --- | --- | --- |
| 综合印象 | 优秀 | 良好 | 一般 |

（续）

| 项　目 | 一　级 | 二　级 | 三　级 |
|---|---|---|---|
| 躯干和尾部毛色 | 浅蓝 | 蓝色及带褐色 | 褐色或带白色 |
| 光泽强度 | 大 | 中等 | 微弱 |
| 针毛强度 | 正常、平齐 | 很长、不太平齐 | 短、不平齐 |
| 毛绒密度 | 稍密 | 不很稠密 | 稀少 |
| 毛的弹性 | 有弹性 | 柔软 | 粗糙 |
| 绒毛缠结情况 | 无 | 轻微 | 不大，全身都有 |

**176** 北极狐种狐针、绒毛长度和细度一般是多少？

北极狐针毛长度 4 厘米左右，细度 54～55 微米；绒毛长度 2.5 厘米左右。

**177** 狐狸的体型及鉴定方法是什么？

狐狸的体型主要指体重和体长。体长是由鼻端到尾根的水平长度。狐狸的体型鉴定一般采用目测和称重相结合的方式进行。

**178** 种狐狸的体型如何分级？

根据狐狸的体长进行体型鉴定和分级（表 6-3）。

表 6-3　狐狸体型鉴定和分级（体长：厘米）

| 品　种 | 性　别 | 一　级 | 二　级 | 三　级 |
|---|---|---|---|---|
| 银黑狐狸 | 公 | 超过 68 | 66～68 | 66 以下 |
| | 母 | 超过 65 | 63～65 | 63 以下 |
| 北极狐狸 | 公 | 超过 70 | 68～70 | 68 以下 |
| | 母 | 超过 65 | 63～65 | 63 以下 |

**179** 如何鉴定狐狸的繁殖力?

成年公狐狸睾丸发育良好、交配早、性欲旺盛、配种能力强、性情温驯无恶癖、择偶性不强,每年可配4~5只母狐狸,配种次数10次以上,精液品质优良,所配母狐狸产仔率高,仔狐狸生命力强、生长发育健壮、年龄2~5岁的留作种用。交配晚、睾丸发育不好、单睾或隐睾、性欲差、性情暴躁、有恶癖、择偶性强、所配母狐狸产仔率低的,应淘汰。

成年母狐狸应选择发情早(银黑狐不迟于2月中旬,北极狐不迟于3月中旬),温驯,性行为正常,胎平均产仔数多,母性好,泌乳能力强,仔狐狸成活率高、生长发育正常的留作种用。凡是有生殖器官畸形、发情不典型、产仔晚、母性不强、无乳或缺乳、仔狐狸死亡率高,以及胚胎吸收、流产、死胎、烂胎、难产、食仔恶癖等缺陷者一律予以淘汰。

**180** 怎样进行系谱鉴定?

系谱鉴定是根据祖先的品质、生产性能来鉴定后代的种用价值,这对当年尚未投入繁殖的幼狐狸选种尤为重要。系谱鉴定首先要了解种狐狸个体间的血缘关系,将三代祖先范围内有血缘关系的个体归在同一亲属群内。然后,进一步分析每个个体的主要特征,按群逐个编号登记,注明几项主要指标(如毛色、毛绒品质、体型、繁殖力等),进行审查和比较,查出优良个体,并在后代中留种。

**181** 怎样进行后裔鉴定?

后裔鉴定是根据后裔的生产性能,考察老种狐狸的品质、遗传性能、种用价值。考察后裔,要进行生产性能比较,方法有后裔与亲代比较、不同后裔个体之间比较、后裔与全群平均生产指标比较3种。种狐狸的各项鉴定材料,需及时填入种狐狸登记卡片(表6-4和表6-5),作为选种选配的重要依据。

表 6-4　种公狐狸登记卡

| 狐号： | 体重（克）： | 体长（厘米）： | 毛绒品质： | 配种能力： |
|---|---|---|---|---|
| 色型： | 同窝仔狐/只： | 出生日期： | 评定：优、良、中 | |
| 母： | | 父： | | |
| 外祖母： | 外祖父： | 祖母： | 祖父： | |

| 繁殖性能 | | | | | | | | |
|---|---|---|---|---|---|---|---|---|
| 年度 | 受配母狐号 | 配种次数 | 配种日期 | | 胎产 | 后裔评定 | | |
| | | | 初配 | 结束 | | 优 | 良 | 中 |
| | | | | | | | | |

表 6-5　种母狐狸登记卡

| 狐号： | 体重（克）： | 体长（厘米）： | 毛绒品质： | 产仔数（只）： |
|---|---|---|---|---|
| 色型： | 同窝仔狐/只： | 出生日期： | 评定：优、良、中 | |
| 母： | | 父： | | |
| 外祖母： | 外祖父： | 祖母： | 祖父： | |

| 繁殖性能 | | | | | | | | |
|---|---|---|---|---|---|---|---|---|
| 年度 | 公狐号 | 配种日期 | | 产仔 | | | 产仔成活数 | 后裔评定 |
| | | 初配 | 结束 | 日期 | 活仔 | 死胎 | | 优　　良　　中 |
| | | | | | | | | |

**182** 种狐狸的年龄结构对生产有影响吗？什么样的年龄结构是合理的种狐群？

　　种狐狸的年龄组成对生产有一定的影响，如果当年幼狐狸留得过多，不仅公狐狸利用率低，而且母狐狸发情晚、不集中，推迟配种期。因此，良好的基础种狐狸群，合理的年龄组成，是稳产、高产的前提。

　　实践证明，种公狐狸各个年龄间的配种率差异显著。其中 3～4 岁的配种率最高，2 岁次之，最低的是 1 岁狐狸。因此，在留种时一定要注意种公狐狸的年龄结构。如果 1 岁种公狐狸比例很大，由于种公狐狸配种能力差，就会造成发情母狐狸失配的现象。较理想的种狐狸年龄结构是当年幼狐狸占 25％，2 年龄狐狸占 35％，3 年龄狐狸占 30％，4～5 年龄狐狸占 10％。公母比例以 1∶3 或 1∶3.5 较适宜。

**183 什么是选配？选配的目的和意义是什么？**

选配是为了获得优良后代而选择和确定种狐狸个体间交配关系的过程。选配是选种工作的继续，目的是为了在后代中巩固提高双亲的优良品质，获得新的有益性状。选配得当与否对繁殖力和后代品质有重要影响，是育种工作必不可少的重要环节。

**184 狐狸的选配应遵循哪些原则？**

（1）品质选配

1）同质选配　选择具有相同优良性状的个体交配，以期在后代中巩固和提高双亲所具有的优良特征。同质选配中要注重遗传力强的性状，且公狐狸要优于母狐狸。常用于纯种繁育及核心群的选育提高。

2）异质选配　选择具有不同优良性状的个体交配，以其后代中用一方亲本的优点去改良另一方亲本的缺点，或者结合双亲的优良性状，创造新的优良类型。常用于杂交选育。

（2）亲缘选配

1）远亲交配　即祖系三代内无亲缘关系的个体选配，也称远缘选配，是一般繁殖过程中所要求尽量做到的选配。

2）近亲交配　指祖系三代内有亲缘关系的个体选配，一般在育种中有目的地进行。一般生产群中应尽量杜绝近亲交配。

3）年龄选配　不同年龄的个体选配对后代的遗传性有影响，一般老龄个体间选配，老、幼龄个体间选配，更优于幼龄个体间的选配。

4）体型选配　公狐狸体型要大于母狐狸体型，且宜大配大、大配中、中配大、中配小，不宜大配小和小配小。

**185** 什么是双重交配和多重交配？怎样进行？

在同一配种期内，一只母狐狸和两只公狐狸达成交配称之为双重交配；如与多只公狐狸交配称之为多重交配。

育种群一般不采用双重和多重交配；而生产场可以酌情采用，有利于提高产仔率。狐狸群小的狐狸场，要经常和外场串换种狐狸，以不断更新血缘。

**186** 彩狐应怎样选配？

彩狐的毛色选配，主要应根据毛色遗传规律和市场对狐狸皮颜色的需求而制订；其次，还要考虑到毛色与狐狸生产性能的遗传相关。这就需要饲养者既掌握国际、国内裘皮市场的动态，又要搞清楚所有狐狸群中不同色型狐狸各经济性状的遗传规律，只有这样才能创造较高的经济效益。

一般地讲，彩狐生产场都需要同时保留几种色型，以适应市场的变化而及时改变商品狐狸的生产方向。彩狐生产中需要注意的另一个问题是，有些彩狐的毛色相对野生型是显性，有些则是隐性，还有一些是杂合体。各种彩狐之间也存在着一些比较复杂的遗传现象，如致死基因、基因的不完全显性现象、复等位基因，以及基因的相互作用等。有些问题已经研究清楚，有些问题正在进行研究。生产中常采用的有相同毛色的纯种交配、一对或多对相对性状个体之间的交配和杂合体之间的交配等。

**187** 怎样用芬兰或美国良种北极狐改良当地产的北极狐？效果如何？

（1）必须引进纯种的芬兰北极狐或美国北极狐

杂交的公狐狸，尤其是级进杂交 3 代以内的公狐狸不能引入作种狐狸。

（2）必须采取级进杂交

杂交中所引入的种狐狸应是非亲缘个体，尽量避免近交。如：

A（原有狐群）×E（引入良种）

F1（50％A，50％E）×E（非亲缘个体）

F2（25％A，75％E）×E（非亲缘个体）

F3（12.5％A，87.5％E）×E（非亲缘个体）

F4（6.25％A，93.75％E）×E（非亲缘个体）

……

原则上 F1 至 F3 代公狐狸不能用作种狐狸，否则，杂种后代过早横交会出现后代严重分离的现象，使改良杂交前功尽弃。

用芬兰北极狐或美国北极狐改良地方北极狐的效果显著，F1代的体型介于双亲之间，有个别的可近于良种；性情温驯、体质松弛等性状也较明显。F2 代的体型介于 F1 代和引入良种之间，近于引入良种狐狸的个体增多，个别可达到引入良种狐狸的体型，毛绒品质明显趋向引入良种狐狸。F3 代的体型已接近引入良种狐狸，且个体间差异变小，其余优良性状也近于引入良种狐狸。

# 七、饲养管理

## 188 怎样划分狐狸的年生物学时期？

为便于饲养管理，根据狐狸一年四季不同时期的生理特点和营养需要特点，可将全年的生产周期划分为不同的饲养时期。

（1）准备配种期

银黑狐为 8 月至翌年 1 月上旬；北极狐为 8 月至翌年 2 月上旬。

（2）配种期

银黑狐及彩狐为 1 月中旬至 3 月中旬；北极狐为 2 月中旬至 4 月中旬。

（3）妊娠期

银黑狐为 2 月上旬至 5 月下旬；北极狐为 3 月上旬至 6 月中旬。

（4）产仔哺乳期

银黑狐为 3 月下旬至 5 月下旬；北极狐为 4 月下旬至 7 月中旬。

（5）公狐恢复期

银黑狐为 3 月中旬至 7 月下旬；北极狐为 4 月下旬至 7 月下旬。

（6）母狐恢复期

银黑狐为 6 月下旬至 7 月下旬；北极狐为 6 月中旬至 7 月下旬。

（7）冬毛生长期

银黑狐与北极狐均为 8 月中旬至 12 月下旬。

（8）幼狐育成期

银黑狐为 5 月下旬至 12 月下旬；北极狐为 6 月中旬至 12 月下旬。

（9）取皮期

银黑狐、北极狐均为 11 月下旬至 12 月下旬。

**189** 狐狸有饲养标准吗？

我国目前尚没有制定统一的狐狸饲养标准。现仅介绍部分时期狐狸的饲养标准和营养需要量供参考（表 7-1 至表 7-6）。

表 7-1　育成狐狸的饲养标准

| 月龄 | 银黑狐 | | | 北极狐 | | |
|---|---|---|---|---|---|---|
| | 代谢能<br>[兆焦/<br>（天·只）] | 每兆焦代谢能中的<br>可消化蛋白质（克） | | 代谢能<br>[兆焦/<br>（天·只）] | 每兆焦代谢能中的<br>可消化蛋白质（克） | |
| | | 种用 | 皮用 | | 种用 | 皮用 |
| 1.5～2 | 1.59～1.96 | 22.7～25.1 | 22.7～25.1 | 1.76～1.84 | 21.5～26.3 | 21.5～26.3 |
| 2～3 | 1.88～2.05 | 20.3～22.7 | 20.3～22.7 | 2.38～2.43 | 20.3～22.67 | 20.3～22.7 |
| 3～4 | 2.47～2.72 | 17.9～20.3 | 17.9～20.3 | 3.01～3.18 | 17.9～20.3 | 17.9～20.3 |
| 4～5 | 2.64～2.84 | 17.9～20.3 | 17.9～20.3 | 2.89～3.05 | 17.9～20.3 | 17.9～20.3 |
| 5～6 | 2.76～2.93 | 21.5～23.9 | 17.9～20.3 | 2.72～2.89 | 21.5～23.9 | 17.9～20.3 |
| 6～7 | 2.38～2.64 | 21.5～23.9 | 17.9～20.3 | 2.47～2.68 | 21.5～23.9 | 17.9～20.3 |
| 7～8 | 2.13～2.22 | 21.5～23.9 | 17.9～20.3 | 2.26～2.34 | 22.7～15.1 | 17.9～20.3 |

表 7-2　成年狐狸的饲养标准

| 品种 | 月份 | 每日每只狐狸所需代谢能（兆焦） | | | | | | 每兆焦代谢能<br>中的可消化<br>蛋白质（克） |
|---|---|---|---|---|---|---|---|---|
| | | 12 月 1 日体重（千克） | | | | | | |
| | | 5.5 | 6.0 | 6.5 | 7.0 | 7.5 | 8.0 | |
| 银黑狐 | 1 | 1.67 | 1.76 | 1.84 | 1.92 | 2.01 | 2.13 | 22.7～25.1 |
| | 2 | 1.63 | 1.72 | 1.80 | 1.88 | 1.97 | 2.05 | 22.7～25.1 |

（续）

| 品种 | 月份 | 每日每只狐狸所需代谢能（兆焦） | | | | | | 每兆焦代谢能中的可消化蛋白质（克） |
|---|---|---|---|---|---|---|---|---|
| | | 12月1日体重（千克） | | | | | | |
| | | 5.5 | 6.0 | 6.5 | 7.0 | 7.5 | 8.0 | |
| 银黑狐 | 3（空怀） | 1.59 | 1.67 | 1.76 | 1.92 | 2.01 | 2.09 | 20.3～22.7 |
| | 4（妊娠） | 2.18 | 2.30 | 2.43 | — | — | — | 22.7～25.1 |
| | 5 | 1.67 | 1.76 | 2.01 | 2.01 | 2.09 | 2.22 | 17.9～20.3 |
| | 6 | 1.80 | 1.92 | 2.01 | 2.13 | 2.06 | 2.43 | 20.3～22.7 |
| | 7 | 2.01 | 2.18 | 2.30 | 2.43 | 2.55 | 2.68 | 17.9～20.3 |
| | 8 | 2.18 | 2.34 | 2.47 | 2.64 | 2.76 | 2.93 | 17.9～20.3 |
| | 9 | 2.22 | 2.38 | 2.51 | 2.68 | 2.80 | 2.93 | 21.5～23.9 |
| | 10 | 2.05 | 2.43 | 2.34 | 2.51 | 2.64 | 2.76 | 21.5～23.9 |
| | 11 | 1.92 | 2.05 | 2.22 | 2.30 | 2.43 | 2.55 | 21.5～23.9 |
| | 12 | 1.72 | 1.82 | 1.97 | 2.01 | 2.13 | 2.22 | 21.5～23.9 |
| 蓝狐 | 1 | 1.88 | 2.01 | 2.09 | 2.26 | 2.30 | 2.38 | 22.7～25.1 |
| | 2 | 1.76 | 1.84 | 1.88 | 2.01 | 2.05 | 2.09 | 22.7～25.1 |
| | 3 | 1.67 | 1.76 | 1.84 | 1.92 | 1.97 | 2.01 | 22.7～25.1 |
| | 4（妊娠） | 2.68 | 2.80 | 2.93 | — | — | — | 25.1～27.5 |
| | 5（空怀） | 1.97 | 2.09 | 2.22 | 2.30 | 2.43 | 2.51 | 17.9～20.3 |
| | 6 | 2.09 | 2.22 | 2.34 | 2.47 | 2.59 | 2.72 | 20.3～22.7 |
| | 7 | 2.13 | 2.26 | 2.38 | 2.55 | 2.64 | 2.80 | 17.9～20.3 |
| | 8 | 2.30 | 2.43 | 2.55 | 2.76 | 2.89 | 3.01 | 17.9～20.3 |
| | 9 | 2.47 | 2.64 | 2.80 | 2.97 | 1.18 | 3.35 | 17.9～20.3 |
| | 10 | 2.38 | 2.51 | 2.68 | 2.93 | 3.10 | 3.26 | 21.5～23.9 |
| | 11 | 2.26 | 2.05 | 2.22 | 2.30 | 2.43 | 2.55 | 21.5～23.9 |
| | 12 | 2.09 | 2.22 | 2.34 | 2.51 | 2.64 | 2.76 | 22.7～21.5 |

表7-3　配种期狐狸的营养需要量

| 成　分 | 公狐狸 | 母狐狸 |
|---|---|---|
| 代谢能［兆焦/（天·只）］ | 1.922 8 | 1.755 6 |
| 可消化蛋白质［克/（天·只）］ | 46.0 | 42.0 |
| 维生素 A［国际单位/（天·只）］ | 2 500.0 | 2 400.0 |
| 维生素 E［国际单位/（天·只）］ | 2 500.0 | 2 400.0 |
| 维生素 $B_1$［毫克/（天·只）］ | 1.0 | 1.0 |
| 维生素 $B_2$［毫克/（天·只）］ | 30.0 | 25.0 |
| 维生素 $B_6$［毫克/（天·只）］ | 1.0 | 1.0 |
| 钙（%） | 0.5 | 0.5 |
| 磷（%） | 0.5 | 0.5 |

表7-4　妊娠期母狐狸的营养需要量

| 成　分 | 妊娠前期 | 妊娠后期 |
|---|---|---|
| 代谢能［兆焦/（天·只）］ | 2.174 | 2.090 |
| 可消化蛋白质［克/（天·只）］ | 55.0 | 57.0 |
| 维生素 A［国际单位/（天·只）］ | 2 500.0 | 2 500.0 |
| 维生素 E［毫克/（天·只）］ | 30.0 | 40.0 |
| 维生素 $B_1$［毫克/（天·只）］ | 1.0 | 1.0 |
| 维生素 $B_2$［毫克/（天·只）］ | 30.0 | 30.0 |
| 钙（%） | 0.5 | 0.5 |
| 磷（%） | 0.5 | 0.5 |

表7-5　哺乳母狐狸的营养需要量

| 营养成分 | 需要量 |
|---|---|
| 代谢能［兆焦/（天·只）］ | 2.090 |
| 可消化蛋白质［克/（天·只）］ | 60.0 |
| 维生素 A［国际单位/（天·只）］ | 2 800.0 |
| 维生素 E［毫克/（天·只）］ | 30.0 |
| 维生素 $B_1$［毫克/（天·只）］ | 1.5 |

（续）

| 营养成分 | 需要量 |
|---|---|
| 维生素 $B_2$ ［毫克/（天·只）］ | 30.0 |
| 维生素 $B_6$ ［毫克/（天·只）］ | 2.0 |
| 叶酸 ［毫克/（天·只）］ | 0.2 |
| 钙（%） | 0.6 |
| 磷（%） | 0.8 |

表 7-6　狐狸的维生素需要量

| 项　目 | 维生素 A（国际单位） | 维生素 D（国际单位） | 维生素 $B_1$（毫克） | 维生素 $B_2$（毫克） | 维生素 E（毫克） |
|---|---|---|---|---|---|
| 每千克体重 | 400 | 100 | 1.50 | 5.0 | 6.0 |
| 每 0.418 兆焦能量 | 300 | 70 | 1.50 | 5.0 | 6.0 |
| 每 100 克干物质 | 500~825 | 100~165 | 5.00 | 17.5 | 22.0 |

## 190 成年北极狐的饲养标准要高于银黑狐吗？

狐狸的维持能量需要为每千克体重 $1.12×10^5$ 焦耳，每天每千克体重需要粗蛋白质 12 克。通常成年北极狐比银黑狐需要更高的代谢能，因此，饲养标准高于银黑狐。银黑狐对可消化粗蛋白质、可消化脂肪和碳水化合物所需的平均比例是 3.0∶1.0∶2.4，银黑狐日粮中的脂肪占蛋白质的 1/3。

## 191 准备配种期狐狸的生理特点是什么？

准备配种期又分为准备配种前期（8 月底至 11 月中旬）和准备配种后期（11 月中旬至 1 月中旬）。准备配种前期，狐狸的生殖器官由静止进入活动期，有关繁殖的内分泌活动增强，母狐狸的卵巢开始发育，公狐狸的睾丸也逐渐增大。进入准备配种后期生殖器官发育增快，生殖细胞开始进入发育状态，到 12 月末公狐狸可以采到成熟的精子。同时，准备配种期也是狐狸的冬毛生长期。

**192** 狐狸准备配种期饲养管理的主要任务是什么？

根据准备配种期狐狸生殖器官发育的特点和气候特点（天气逐渐转冷），此期的主要任务是供给种狐狸所需要的营养物质，使狐狸安全越冬，保证毛绒的正常生长，促进种狐狸生殖器官的发育和成熟，调整种狐狸体况，为配种打下良好基础。

**193** 狐狸准备配种期的饲养要点是什么？怎样调整其日粮组成？

（1）准备配种前期

应继续补充繁殖期消耗的营养物质，供给狐狸生长发育、冬季毛绒生长和成熟所需要的物质，贮存越冬需要的营养物质，维持自身新陈代谢和促进生殖器官的生长发育所需要的物质。日粮量以吃饱为原则，动物性饲料比例，银黑狐55%～65%，北极狐50%～60%，日喂2次，早晨40%，晚上60%。此期可适当多供给脂肪含量高的饲料（如痘猪肉、动物内脏等），使种狐狸偏肥些，以利越冬。

（2）准备配种后期

此期冬毛及幼狐狸生长发育已经成熟，主要是促进生殖器官迅速发育和生殖细胞成熟。要调整狐狸体况达到中等或中上等水平。在12月初就应着手调整体况，逐渐减少日粮中谷物和蔬菜供给量，使饲料容积减少，让种狐狸缺乏饱腹感。同时增加运动量，通过运动消耗多余脂肪。增加光照，对繁殖十分有利。进入1月中旬，可在日粮中补加有气味能刺激发情的饲料，如大葱、大蒜等。此期，银黑狐和北极狐的日粮中应提供的可消化蛋白质、脂肪、碳水化合物和代谢能分别是每只银黑狐40～50克、16～22克、25～39克和1.97～2.30兆焦，每只北极狐47～52克、16～22克、25～33克和2.0～2.64兆焦。日粮配合时，动物性饲料银黑狐、彩狐一般占65%～72%，北极狐占70%～75%，谷物饲料约占23%，果菜类占8%左右，还应注意多种维生素和矿物质元素的补充，一般每只每天可补喂维生素 A 1 600～2 000 国际单位、B 族维生素 220 毫克、维生素 E 5 毫克。每天可饲喂 2 次，日采食量在 0.4 千克左右。

此期如果日粮不全价或数量不足，将导致种狐狸精子和卵子生成障碍，并影响母狐狸的妊娠、分娩。

**194** **准备配种期的管理要点有哪些？**

（1）适当光照

为促进种狐狸性器官的正常发育，应把种狐狸放在朝阳的自然光下饲养，不能放在阴暗的室内或小洞内。

（2）防寒保暖

准备配种后期气候寒冷，特别是北方，为减少种狐狸抵御外界寒冷而过多消耗营养物质，必须注意加强对小室的保温工作，保证小室内有干燥、柔软的垫草，并用油毡纸、塑料布等堵住小室的空隙。对于个别在小室里排便的狐狸，要经常检查和清理小室，勤换或补充垫草。

（3）保证采食量和充足的饮水量

准备配种后期，由于气温逐渐寒冷，饲料在室外很快结冰，影响狐狸的采食。在投喂饲料时应适当提高温度，使其可以吃到温暖的食物。另外，水是狐狸生长发育不可缺少的物质，在准备配种期应保证狐狸饮水供应充足，每天至少 2 次。

（4）加强驯化

通过食物引逗等方式进行驯化，使狐狸不怕人，有利于狐狸的繁殖，尤其是声音驯化更显重要。

（5）做好种狐狸体况平衡的调整

种狐狸的体况与繁殖力有密切关系，过肥或过瘦都会严重影响繁殖。应随时调整种狐狸体况，严格控制两极发展。

（6）异性刺激

准备配种后期，把公、母狐狸笼间隔摆放，增加接触时间，刺激性腺发育。

（7）做好配种前的准备工作

银黑狐在1月中旬，北极狐在2月中旬以前，应周密做好配种前的一切准备工作，维修好笼舍，编制配种计划和方案，准备好配种工具、捕狐钳、捕狐网、手套、配种记录表、药品、开展技术培训等工作。

**195** *怎样鉴别种狐狸的体况？*

狐狸的体况鉴别有如下3种方法。

（1）目测法

目测法即看狐狸的外观、体型大小、肥瘦等。

1）肥胖体况　被毛平顺光亮，脊背平宽，行动迟缓，不爱活动。用手触摸不到脊椎骨，全身脂肪非常发达。

2）适中体况　被毛平顺光亮，体躯匀称，行动灵活，肌肉丰满。腹部圆平，用手摸脊背时，既不挡手又可感触到脊骨和肋骨。

3）消瘦体况　全身被毛粗糙、蓬乱无光泽，肌肉不丰满，缺乏弹性，用手摸脊背和肋骨可感到突出挡手。

肥胖体况，到临发情期前体重应比12月体重下降15%～16%，中上等体况的也要下降6%～7%。1月下旬（银黑狐）或2月中旬（北极狐）要求公狐狸普遍保持中上等体况，母狐狸则以中等稍偏下为宜。

（2）称重法

称重法即实际测量种狐狸的体重，同时手摸脊背检查狐狸的营养情况。在配种前1个月内从种狐狸群中随机抽取10～20只种狐狸称重1～2次，取其平均体重。银黑狐种母狐体重一般要求为5.5～6.5千克，北极狐种母狐体重一般要求为7～8千克。如果抽查结果低于上述标准，则为过瘦；如果抽查结果高于上述标准，则为过胖。

（3）体重指数计算法

体重指数是狐狸的体重（克）与体长（厘米）之比。母狐狸的体重指数与繁殖力密切相关，体重指数适宜时，繁殖力最高。种狐狸的适宜体重指数，地产北极狐、银黑狐 90～100 克/厘米，改良北极狐和芬兰狐 120 克/厘米。

### 196 怎样调整种狐狸的体况？

主要是通过食物和食量及运动量来调节狐狸的体况。

（1）减肥方法

主要是通过减少日粮中脂肪给量和食量及增加运动量来调节。如果全群过肥，一方面要降低日粮热量标准，去掉脂肪含量高的动物性饲料，但不可以降低日粮中动物性饲料的比重，同时要减少饲料总量，每周可断食 1～2 次；另一方面要经常逗引狐狸运动，消耗体内脂肪。如果只是少数个体过肥，主要应减少饲料量，同时进行人工逗引增加运动量。

（2）增肥方法

主要是通过增加日粮中脂肪给量和食量及减少运动量来调节。如果全群过瘦，主要应提高日粮热量标准，适当增加动物性饲料的脂肪比例，增加饲料给量。如系少数个体过瘦，除增加饲料量外，还可单独进行补饲。同时对小室添足垫草，加强保温，减少能量消耗。

### 197 配种期狐狸的生理特点是什么？

配种期狐狸性欲冲动和性活动加强，营养消耗较大，食欲下降，尤其公狐狸频繁交配，体质消耗较大，易造成急剧消瘦而影响交配能力。

### 198 狐狸配种期饲养管理的主要任务是什么？

配种期是养狐狸场全年生产的重要时期，饲养管理工作的主要任务是使公狐狸有旺盛的性欲，有持久的配种能力和优良的精液品质，使每只母狐狸能正常发情、排卵，并都能准确、适时受配。适时放对自然交配或适时实施人工授精是取得高产的基础。

**199** 狐狸配种期的饲养要点是什么？怎样调整其日粮组成？

配种期要供给种狐狸优质、营养丰富、含全价蛋白质、适口性强、易消化的日粮。适当提高新鲜动物性饲料的比例，使公狐狸有旺盛、持久的配种能力，良好的精液品质，母狐狸能够正常发情，适时配种。对参加配种的公狐狸，午间还应补饲1次，补给一些肉、肝、蛋黄、乳、脑等优质饲料，以及维生素A、维生素E和复合维生素B，补饲量100～150克/只。此外，在配种期的种狐狸，尤其是种公狐狸饮水量要加大，每日保证供给清洁而充足的饮水或清洁冰块。

此期日粮中，每只银黑狐需要可消化蛋白质55～60克，脂肪20～30克，碳水化合物35～40克，代谢能1.67～1.88兆焦（种公狐狸可提高到2.30兆焦）。

**200** 配种期如何合理利用种公狐狸？

在正常情况下，1只公狐狸可与4～6只母狐狸交配，能配8～15次，每天可利用2次，其间隔时间应为3～4小时，但对性欲旺盛的公狐狸应适当控制，防止利用过频。连续配4次的公狐狸应休息半天或1天。对发情较晚的公狐狸，亦不要弃置不用，做到耐心培训，送给已初配过的母狐狸争取初配成功。在交配顺利的时候，特别要注意公狐狸精液品质的检查。在配种初期和末期应抽查镜检，尤其对性欲强而已多次交配的公狐狸，更应该加以重视。

**201** 狐狸配种期的管理要点是什么？

（1）检查笼舍，防止狐狸逃跑

配种期由于公、母狐狸性欲冲动，精神不安，运动量大，故应随时注意检查笼舍牢固性，严防狐狸逃跑。在对母狐狸发情鉴定和放对操作时，方法要正确并注意力集中，以防人狐皆伤。

（2）加强饮水

配种期公、母狐狸运动量增大，加之气温逐渐由寒变暖，狐狸的需水量日益增加。每天要保持水盆里有足够的清水，或每天至少供水 4 次以上。

（3）注意饲喂方式

配种期投给饲料的体积过大，会在某种程度上降低公狐狸活跃性而影响交配能力。配种期间可实行 1～2 次喂食制，如在早饲前放对，公狐狸的补充饲料应在午前喂；在早饲后放对，公狐狸的补充饲料应在放对后半小时进行。

（4）区别发情和发病狐狸

种狐狸在配种期因性欲冲动、食欲下降，公狐狸尤其是在放对初期，母狐狸临近发情时期，有的连续几天不吃，要注意这种现象同发生疾病或外伤的区别，以便对病、伤狐狸及时治疗。此期要经常观察狐狸群的食欲、粪便、精神、活动等情况，做到心中有数。

（5）保证配种环境

配种期间，要保证饲养场安静，谢绝参观。放对后要注意观察公、母狐狸行为，防止咬伤，若发现公、母狐狸互相有敌意时，要及时把它们分开。另外，要搞好食具、笼舍、地面卫生，特别是温度较高地区，更要重视卫生防疫工作。

（6）切忌错抓、错放

配种期抓狐狸检查、放对很频繁，应防止抓伤、咬伤，切忌错抓、错放，将配种用的标牌号随母狐狸带走。认真做好配种记录。

 **加强妊娠期狐狸的饲养管理有什么意义？**

从受精卵形成到胎儿娩出这段时间为狐狸的妊娠期。妊娠期是养狐狸生产的关键时期，如果妊娠期饲养管理不当，会造成胎儿被吸收，出现死胎、烂胎、流产等妊娠中断现象。因此，妊娠期的饲养管理，不仅关系到母狐狸空怀率和胎产仔数，还关系到仔狐狸出生后的健康状况，将决定一年生产的成绩。

**203** 狐狸妊娠期的生理特点和营养需要特点有哪些？

狐狸妊娠期的生理特点是胎儿发育，乳腺发育，开始脱冬毛换夏毛。妊娠期母狐狸所需要的营养物质除维持自身生命活动、提供春季换毛和胎儿生长发育所需外，还要为产后泌乳提供营养物质储备。因此，妊娠期母狐狸的营养需要是全年最高的时期。特别是妊娠28天以后，即妊娠后半期，这个时期胎儿长得快，吸收营养也多，妊娠母狐狸的采食量也增加，对蛋白质和添加剂却非常敏感，稍有不足便产生不良影响，如胎儿被吸收、流产等。

**204** 在妊娠不同阶段母狐狸都有哪些妊娠表现？

妊娠15天后，母狐狸外阴萎缩，阴蒂收缩，外阴颜色变深；初产狐狸乳头似高粱粒大，经产狐狸乳头为大豆粒大，外观可见2～3个乳盘；喜睡，不愿活动，腹围不明显。妊娠20天，外阴呈黑灰色、恢复到配种前状态，乳头开始发育，乳头部皮肤为粉红色，乳盘放大，大部分时间静卧嗜睡，腹围增大。妊娠25天，外阴唇逐渐变大。产前6～8天，阴唇裂开，有黏液，乳头发育迅速，乳盘开始肥大、为粉红色；母狐狸不愿活动，大部分时间静卧，腹围明显增大，后期腹围下垂。

**205** 如何判断母狐狸妊娠中断？

主要从食欲和粪便变化等来判断全群妊娠母狐狸是否有发生妊娠中断的可能性。正常的妊娠母狐狸基本上不剩食，粪便呈条状，精神状态良好，多半在妊娠30～35天后腹部逐渐增大。当母狐狸经常腹泻或排出黄绿稀便，连日食欲下降甚至拒食，并且精神状态不佳时，可能是已发生妊娠中断或将要妊娠中断，将导致死胎、烂胎、大批空怀等不良后果。此时应立即查明原因，并立即采取每只妊娠狐狸肌内注射黄体酮 20～30 毫克的保胎措施。引起妊娠中断的主要原因，在排除环境噪声和疾病等原因外，应主要从饲料卫生和质量查找原因，一般都是饲料不新鲜、变质或腐败及饲料营养不全价引起的。

**206** 狐狸妊娠期饲养管理的主要任务是什么？

妊娠期饲养的主要任务是供给妊娠母狐狸全价营养，促进胎儿正常生长发育，做好保胎工作。

**207** 狐狸妊娠期每日的营养物质需要量是多少？

代谢能，银黑狐妊娠前期 2.09～2.51 兆焦，后期 2.72～2.93 兆焦；北极狐妊娠前期 2.51～2.72 兆焦，后期 2.93～3.14 兆焦。可消化蛋白质，银黑狐妊娠前期 55.2～61.0 克，后期 62～67 克；北极狐 70～77 克。脂肪，银黑狐妊娠前期 18.4～20.3 克，后期 20.7～22.3 克；北极狐 23.3～25.7 克。碳水化合物，银黑狐妊娠前期 44.2～48.8 克，后期 49.6～53.6 克；北极狐 56～61.6 克。

**208** 妊娠期狐狸的日粮组成是什么？

妊娠母狐日粮供给要做到营养全价、品质优良新鲜、适口性好，尤其要注意蛋白质、维生素和矿物质饲料的供给。品质不好的饲料一定不能饲喂。妊娠 20 天以后胎儿生长速度加快，日粮营养水平要逐渐提高，但喂量要适当，防止将狐狸喂得过肥。饲料量不能平均分配，应视妊娠天数分别供食，银黑狐妊娠前期动物性饲料占日粮量的 65％～70％；妊娠后期占 70％～75％，日粮量每只 600～700 克；北极狐动物性饲料占日粮量的 70％～75％，日粮量每只 700～800 克。

**209** 妊娠期狐狸的饲养要点是什么？

（1）必须供给品质新鲜的饲料

妊娠期饲养的重点在于保胎，因此，此期一定要把好饲料质量关。严禁饲喂贮存时间过长、氧化变质的动物性饲料，以及发霉的谷物或粗制土霉素、酵母等。饲料中不许搭配死因不明的畜禽肉、难产死亡的母畜肉、带甲状腺的气管、含有性激素的畜禽副产品（胎盘和公、母畜生殖器官）等。凡是没有把握的和不合乎卫生要求的饲料尽量不喂。

（2）饲料种类应多样化

饲料单一或突然改变种类，都会引起全群食欲下降，甚至拒食。实践证明，以鱼和肉类饲料混合搭配的日粮，能获得良好的生产效果。长年以鱼类饲料为主的饲养场（户），妊娠期应增加少量的生肉（40～50克/只）；而以畜禽肉及其下杂为主的场（户），则应增加少量的海杂鱼或质量好的淡水杂鱼。妊娠期日粮中较理想的动物性饲料搭配比例是畜禽肉10%～20%，肉类副产品30%～40%，鱼类40%～50%。

（3）调整饲料日给量

妊娠母狐狸的食欲普遍增加，但妊娠前期不能马上增量。妊娠30天后胎儿发育迅速，应增加饲料量；临产前2～3天多半食欲下降，日粮应减去总量的1/5，并把饲料调稀，此时饮水量增多，应经常保持清洁的饮水。一般情况下，初次受配的母狐狸比经产母狐狸饲料量大一些；北极狐由于胎产仔数多，日粮中的营养和数量应比银黑狐多一些。

**210** 妊娠期狐狸的管理要点是什么？

妊娠期的管理主要是给妊娠母狐狸创造一个安静舒适的环境，以保证胎儿的正常发育。为此应做好以下工作。

（1）保证环境安静

妊娠期应谢绝参观，饲养人员操作时动作要轻，禁止不必要的捕捉，更不可在场内大声喧哗，以免母狐狸受到惊吓而引起流产、早产、难产、叼仔、拒绝哺乳等现象；为使母狐狸习惯与人接触，从妊娠中期开始，饲养人员要多进狐狸场，并对狐狸场内可能出现的应激加以预防。

（2）搞好卫生防疫工作

母狐狸妊娠期正是万物复苏的春季，是致病菌大量繁殖、疫病开始流行的时期，要搞好笼舍卫生，每天刷洗饮、食具，每周消毒1～2次。同时要保持小室里经常有清洁、干燥和充足的垫草。

（3）经常观察母狐狸的食欲、粪便和精神状态

如个别怀孕母狐狸食欲减退，甚至1～2次拒食，但精神状态正常，鼻镜湿润，则为妊娠反应。尽量饲喂狐狸喜欢吃的食物，如大白菜、黄瓜、西红柿、新鲜小活鱼、鲜牛肝、鸡蛋、鲜牛肉等。如发现问题，要及时查找原因和采取措施。

（4）做好产前准备

预产期前5～10天要做好产箱的清理、消毒及更换垫草等工作，准备齐全检查仔狐狸用的一切工具。对已到预产期的母狐狸更要注意观察，看其有无临产征候、乳房周围的毛是否已拔好、有无难产表现等，如有则应立即采取相应措施。

**211** 加强产仔泌乳期狐狸饲养管理有什么意义？

产仔泌乳期狐狸的饲养管理，直接影响母狐狸的泌乳力、持续泌乳时间，以及仔狐狸的成活率。

**212** 产仔泌乳期狐狸饲养管理的主要任务是什么？

饲养管理的中心任务是提高母狐狸泌乳能力，确保仔狐狸成活和正常发育，提高仔狐狸成活率，达到高产的目的。

**213** 产仔泌乳期狐狸有何特点？

产仔泌乳期是从母狐狸产仔开始直到仔狐狸断乳分窝为止。该期实际上是一部分狐狸妊娠，一部分产仔，一部分泌乳，一部分恢复（空怀狐狸），仔狐狸由单一哺乳到分批过渡到兼食饲料，成龄狐狸全群继续换毛的复杂生物学时期。

### 214 母狐狸泌乳有何特点？

母狐狸每昼夜的泌乳量大，按单位体重比较，狐狸的泌乳量远远超过奶牛和奶山羊，占体重的 10%～15%。以北极狐为例，带 10 只仔狐狸的母狐狸，产仔第一旬每天平均泌乳量 360～380 克，第二旬 413～484 克，第三旬 349～366 克；带 13 只仔的母狐狸，各旬的日泌乳量分别为 442 克、524 克和 455 克。狐狸乳汁营养价值很高，所含营养物质几乎是牛乳的 1 倍。

### 215 母狐狸的泌乳量与仔狐狸对乳汁的需求量有何关系？

哺乳母狐狸胎产仔数越多，泌乳量也越多。母狐狸在产后的 1～20 天内泌乳量随仔狐狸日龄的增长而增加，但在 20 天后泌乳量开始逐渐减少。仔狐狸对乳汁的需求量随着日龄的增长反而增加，但开始采食后便下降。仔狐狸的生长发育和健康状况，取决于出生后 3～4 周所获得母乳的数量和品质。

### 216 狐狸产仔泌乳期每日的营养物质需要量是多少？

产仔泌乳期是母狐狸营养消耗最大的阶段。该期每只银黑狐需要代谢能 2.51～2.72 兆焦，可消化蛋白质 45～60 克，脂肪 15～20 克，碳水化合物 44～53 克；北极狐分别为 2.72～2.93 兆焦，50～64 克，17～21 克，40～48 克。

### 217 产仔泌乳期母狐狸的饲养要点是什么？

产仔泌乳期母狐狸日粮应维持妊娠期的水平，日粮搭配上饲料种类尽可能做到多样化，要适当增加蛋、乳类和肝脏等容易消化的全价饲料。日粮中脂肪量应增加到干物质的 22%，此期用骨肉汤或猪蹄汤搅拌饲料。

泌乳母狐狸的日粮量，应根据仔狐狸数、日龄、采食量及仔狐狸生长发育状况来确定。个别产仔数多的母狐狸要专门补给爱食的饲料，以促进食欲，此时日喂 2～3 次。产后 1 周左右，母狐狸食欲迅速增加，应根据胎产仔数、仔狐狸的日龄及母狐狸食欲情况，每天按比例增加饲料量。仔狐狸一般在生后 20～28 天开始采食饲料，此期母狐狸的饲料，加工要细碎，并保证新鲜、优质和易消化吸收。

**218 采用什么方法催乳？**

对哺乳期乳量不足的母狐狸：①加强饲养，特别要注意在妊娠后期加强饲养。②以药物催乳，可喂给 4～5 片催乳片，连续喂 3～4 次，对催乳有一定作用。经喂催乳片后，乳汁仍不足时，及时注射促甲状腺素释放激素，每只狐狸一次肌内注射 20 微克（0.2 毫升），一般经 4～5 小时或第 2 天收到一定效果。

生产中常用中药催乳，效果也较好，但一定注意，有些催乳药中含有一种中药——王不留行，该药既有催乳作用，也有催产作用。因此，使用时产仔前的母狐狸不能使用，必须在产仔后使用，否则会发生大批妊娠母狐狸早产、流产、产弱仔和死胎现象。

**219 产仔泌乳期狐狸的管理要点是什么？**

（1）保证母狐狸的饮水充足

母狐狸生产时体能消耗很大，泌乳又需要大量的水，因此，必须供给充足、清洁的饮水；饮水还有防中暑降温的作用。

（2）做好产后检查

产后检查内容参见问题 140。

（3）精心护理仔狐狸

初生仔狐狸体温调节机制还不健全，生活能力很弱，全靠温暖良好的产窝及母狐狸的照料而生存。因此，窝内要有充足、干燥的垫草，以利保暖。对哺乳期乳量不足的母狐狸，一是加强饲养，二是以药物催乳。

（4）适时断乳分窝

适时断乳分窝内容参见问题144。

（5）保持环境安静

在母狐狸产仔泌乳期间，特别是产后20天内，母狐狸对外界环境变化反应敏感，稍有动静都会引起母狐狸烦躁不安，从而造成母狐狸叼仔甚至吃掉仔狐狸，所以给产仔母狐狸创造一个安静舒适的环境是十分必要的。一是要谢绝参观；二是晚上禁止值班人员用手电乱晃、乱照。

（6）重视卫生防疫

母狐狸产仔泌乳期正值春雨季节，空气湿度大，且产仔母狐狸体质较弱，哺乳后期体重下降15%～20%，因此必须重视卫生防疫工作。狐狸的食具每天都要清洗，每周消毒2次；对笼舍内外的粪便要随时清理。

**220** 为什么要加强成年狐狸恢复期的饲养管理？

种狐狸经过繁殖期，体力和营养消耗大，体重处于全年最低水平。生产中常遇到当年公狐狸配种能力很强，母狐狸繁殖力也高，但第二年的情况大不相同，表现为公狐狸配种晚、性欲差、交配次数少、精液品质不良；母狐狸发情晚、繁殖力普遍下降等。这与成年狐狸恢复期饲养水平过低，未能及时恢复体况有直接关系。

**221** 恢复期狐狸饲养管理的中心任务是什么？

成年狐狸恢复期饲养管理的中心任务是保证供给营养丰富的饲料，尽快恢复体况，为下年繁殖打下良好基础。

**222** 恢复期狐狸的饲养要点是什么？

进入恢复期，第1个月的日粮应维持公狐狸配种期和母狐狸泌乳期日粮水平。因为公狐狸经过一个多月的配种，体力消耗很大，体重普遍下降；母狐狸由于产仔和泌乳，体力和营养消耗比公狐狸更为严重，变得极为消瘦。为了使其尽快恢复体况，不影响第二年的正常繁殖，配种结束后的公狐狸和断乳后的母狐狸的日粮，应分别与配种期和产仔泌乳期的日粮相同，经 15～20 天后再改换维持期日粮。恢复期日粮量每只 500～700 克。日粮热量银黑狐 2.092～2.301 兆焦/只，动物性饲料占 50%～65%；北极狐为 2.510～2.929 兆焦/只和 50%～65%。

## 223 恢复期狐狸的管理要点是什么？

（1）加强卫生防疫

炎热的夏、秋季节，各种饲料应妥善保管，严防腐败变质。饲料加工时必须清洗干净，各种用具要洗刷干净，并定期消毒，笼舍、地面要随时清扫或洗刷，不能积存粪便。

（2）保证供水

此期天气炎热时，要保证饮水供给，并定期给狐狸群饮用 1/10 000 的高锰酸钾溶液。

（3）防暑降温

狐狸的耐热性较强，应在异常炎热的夏、秋季节要注意防暑降温。除加强饮水外，还要将笼舍遮蔽阳光，防止阳光直射发生日射病。

（4）预防无意识地延长光照和缩短光照

养狐狸场严禁随意开灯或遮光，以避免因光周期的改变而影响狐狸的正常发情。

（5）搞好梳毛工作

在毛绒生长或成熟季节，如发现有缠结现象，应及时梳理，以防止其毛绒黏结而影响毛绒质量。

（6）淘汰母狐狸

应注意淘汰本年度中在产仔哺乳期繁殖性能表现不好的母狐狸，如产仔少、食仔、空怀、不护仔、遗传基因不好的种母狐狸，下年度不能再留作种用。

## 224 初生仔狐狸早期死亡率高的原因是什么？

仔狐狸生后 1～5 日龄死亡率最高，占母狐狸从产仔到仔狐狸断乳期间仔狐总死亡数的 70％～80％。初生仔狐狸早期死亡的原因很多，但主要原因有以下几种。

（1）死胎、烂胎

在妊娠期饲喂发霉变质饲料，饲料单一或营养不全价所致。维生素供给不足，矿物质、微量元素缺乏，导致妊娠期胎儿发育中止。

（2）饿死

初生仔狐狸唯一的食物是母狐狸乳汁。妊娠期和产仔泌乳期日粮中蛋白质不足，会导致泌乳量下降；仔狐狸吃不上初乳或吮乳量不足，往往会造成全窝饿死，或仔狐狸生长发育缓慢，抵抗力下降，易感染各种疾病而死亡；母性不强也容易使仔狐狸死亡。

（3）冻死

如果产箱保温不良，在笼网上产仔或仔狐狸掉落在地上，都可被冻死。

（4）红爪病

母狐狸在妊娠期维生素 C 供给不足时，仔狐狸就会发生红爪病，吮吸能力弱，造成死亡。

（5）其他原因

仔狐狸被母狐狸压死、咬死和搬弄等。

## 225 母狐狸搬弄仔狐狸的原因是什么？

母狐狸搬弄仔狐狸，最后导致仔狐狸死亡或被母狐狸吃掉咬死的现象时有发生，这种现象在仔狐狸发育不同阶段都可能发生，尤其产仔 30 天后更为常见。其原因主要有惊恐，由于母狐狸乳量不足，仔狐狸吃不到奶，经常发出饥饿的叫声，引起母狐狸不安。有时因母狐狸患乳房炎，仔狐狸吃奶引起疼痛，致使母狐狸叼仔。产仔时缺水或有恶癖的母狐狸自咬症发作时，往往发生吃仔现象。

## 226 怎样进行仔狐狸的人工哺乳？

初生仔狐狸也可以进行人工哺乳。在消毒的新鲜牛奶中加入少许葡萄糖、维生素 C、B 族维生素和抗生素，用吸管或用特制的乳瓶人工哺乳。

## 227 仔狐狸开食后如何护理？

20～25 日龄时，仔狐狸开始采食饲料，此时母狐狸的日粮应由肉馅、牛乳和肝脏等优质而易消化的饲料组成，并要调制稀一些，以便仔狐狸采食。仔狐狸开始吃饲料起，母狐狸就停止吃仔狐狸的粪便，但母狐狸仍给仔狐狸叼入饲料。所以，此期要及时清除剩食、粪便和湿草，以保持产箱内的卫生。仔狐狸从 30 日龄起，吃食速度很快，为了避免仔狐狸之间争食，可以将饲料放在几个食盆里进行补饲。补饲量可根据仔狐狸的数量和日龄逐日增加。

## 228 判断仔（幼）狐狸是否生长发育正常的主要依据是什么？

主要根据其体重、胎毛、体型的变化和牙齿的更换等情况判断仔（幼）狐狸的生长发育状况。

（1）仔（幼）狐狸体重的变化特点

仔狐狸体重变化是生长发育的主要指标。为了及时掌握仔狐狸的生长发育情况，应在仔狐狸出生 2～3 个月内每 15 天或 1 个月称重一次。银黑狐初生重 80～130 克，北极狐 65～90 克。10 日龄前日平均增重 17.5 克。10～20 日龄时日平均增重 23～25 克，比头 10 天生长速度还快。仔狐狸断乳后前 2 个月生长发育最快，8 月龄时生长基本结束。北极狐仔狐出生后前 4 个月生长发育很快，1 月龄内平均日增重 20 克，2 月龄内约 30 克，3～4 月龄时增重最快、日增重达 30～40 克，4 月龄以后生长速度减慢。

芬兰纯种北极狐仔狐不仅生长周期长（比地产狐狸长 1～2 个月），而且生长发育速度也很快，为地产仔狐狸的 1～1.5 倍。特别是 5 月龄前生长发育迅速，5 月龄时公狐狸都能达到 10 千克以上，后 3 个月日均增重 85～100 克，6 月龄之后幼狐狸的生长速度逐渐减慢，7 月龄时生长发育基本结束。

（2）银黑狐仔（幼）狐狸胎毛变化的特点

银黑狐仔狐出生时胎毛呈深灰色，平滑、稀疏且短。50～60 日龄时，胎毛生长停止。3～3.5 月龄时，针毛带有银环。8 月至 9 月初银毛明显，胎毛全部脱落，在外观上类似成年狐狸。

（3）仔（幼）狐狸体型变化的特点

仔狐狸在近 1 月龄时，腿短、头大、胸宽；以后四肢发育很快，到 3～4 月龄时，给人以腿长、胸窄和消瘦的印象。之后体长和肢高之间的比例有所改变，并且在接近 6～7 月龄时就达到成年狐狸的外貌特征。发育正常的幼狐狸，各部位发育匀称，外貌特征应符合相应日龄所要求的基本特征。

（4）仔（幼）狐狸牙齿更换的特点

仔狐狸出生 20 天后，上颌便会长出乳门齿和犬齿，下颌需隔 3～4 天才会长出。乳齿的更换在 3～4 月龄结束，牙齿的生出和更换并非同时进行。齿的生长更换延期，就表明发育不良或矿物质代谢障碍。

### 229 幼狐狸的饲养要点是什么？

幼狐狸断乳后头 2 个月是生长发育最快的时期，此期间的饲养状况，对体型大小和皮张幅度影响很大。

幼狐狸刚分窝时，仍按哺乳期母狐狸的日粮标准供给。但由于其消化机能不健全，经常出现消化不良现象，所以，在日粮中可适当增加酵母或乳酶生等助消化的药物，并保证供给幼狐狸生长发育及毛绒生长所需要的足够营养物质。幼狐狸育成初期日粮不易掌握，大小不均，其食欲和喂饲量也不相同，应分别对待。一般在喂饲后 30～35 分钟捡盆，此时如果剩食，可能是由于给量过大或日粮质量较差，要找出原因，随时调整饲料量和饲料组成。日粮要随日龄增长而增加，一般不要限制饲料，以喂饱又不剩食为原则。

幼狐狸在 4 月龄时开始换乳齿，这时有许多幼狐狸吃食不正常，为消除这些拒食现象，应检查幼狐狸口腔，对已活动尚未脱落的牙齿，用钳子夹出，使它很快恢复食欲。从 9 月初到取皮前，在日粮中适当增加脂肪和含硫氨基酸的饲料，以利冬毛的生长和体内脂肪的积累。

 **幼狐狸的管理要点是什么？**

（1）适时断乳分窝

断乳前根据狐狸群数量，准备好笼舍、食具、用具、设备，同时进行消毒清洗。适时断乳分窝有利于仔狐狸的生长发育和母狐狸体质的恢复。

（2）适时接种疫苗

幼狐狸分窝后 5～10 天，应对犬瘟热、狐狸脑炎、病毒性肠炎等主要传染病实施疫苗预防接种，防止各种疾病和传染病的发生。

（3）定期称重

仔（幼）狐狸体重变化是它们生长发育的指标，为了及时掌握生长发育的情况，每月应至少进行 1 次称重，以了解和衡量育成期的饲养管理状况。在分析体重资料时，还应考虑仔狐狸出生时的个体差异和性别差异。作为仔狐狸发育情况的评定指数，还应有毛绒发育状况、齿的更换及体型等。

（4）做好选种和留种工作

挑选一部分育成狐狸留种，原则上要挑选出生早、繁殖力高、毛色符合标准的后裔作预备种狐狸。挑选出来的预备种狐狸要单独组群，专人管理。

（5）加强日常管理

天气炎热时，注意预防中暑，除加强供水外，还要将笼舍遮盖阳光，防止直射光。狐狸场内严禁开灯。各种饲料应妥善保管，严防腐败变质，各种用具洗刷干净，定期消毒，小室内的粪便要随时清除。秋季小室里垫少量长 6～10 厘米的硬稻草，有利于保暖，尤其在阴雨连绵的天气，小室里潮湿，易弄脏幼狐狸身体，受凉也常引起幼狐狸患病，造成死亡。

### 231 狐狸冬毛生长期的特点是什么？

进入 9 月，当年的幼狐狸身体开始由主要生长骨骼和内脏转为主要生长肌肉和沉积脂肪。随着秋分以后光照周期的变化，狐狸（包括种狐狸和淘汰狐狸）开始慢慢脱掉夏毛，长出浓密的冬毛，这一时间被称为狐狸冬毛期。养殖皮狐狸的主要目的就是为了获得优质毛皮，因此，冬毛期的营养需求极为重要。

### 232 冬毛期狐狸的营养需要特点是什么？

冬毛期狐狸的蛋白水平较育成期略有降低，但此时狐狸新陈代谢水平仍较高，为满足肌肉等生长，蛋白质水平仍呈正平衡状态，继续沉积。同时，冬毛期正是狐狸毛皮快速生长时期。因此，日粮蛋白中一定要保证充足的构成毛绒的含硫必需氨基酸的供应，如蛋氨酸、胱氨酸和半胱氨酸等，但其他非必需氨基酸也不能短缺。冬毛期狐狸对脂肪的需求量也相对较高，首先起到沉积体脂肪的作用，其次脂肪中的脂肪酸对增强毛绒灵活性和光泽度有很大的影响。冬毛期狐狸日粮中各种维生素以及矿物质元素也是不可缺少的。

### 233 冬毛期狐狸的日粮应如何配制？怎样饲喂？

如果饲喂饲料公司生产的全价饲料，一般狐狸日饲喂干料量建议为每天 250～350 克，兑水后的湿料相当于 800～1 000 克（具体饲料数量与个体大小有关），日粮中蛋白质含量 28%，脂肪 10%；一般日喂 2 次，早晨喂日粮的 40%，晚上 60%，具体的饲喂量以狐狸的实际个体大小确定，每次食盆中应稍有剩余为宜。

如果喂自配料，蓝狐的饲料配方是：每只每日饲喂量 800 克，其中鱼及下杂 160 克、肉及畜禽下杂 160 克、谷物 200 克、蔬菜

80 克、水 200 克、酵母 5 克、骨粉 5 克、食盐 2 克、维生素 $B_1$ 5 毫克、维生素 A 500 国际单位。

**234** 冬毛期狐狸的管理要点是什么?

（1）保证饮水

冬毛期天气虽日益变凉，饮水量相对减少，但一定要保证充足、洁净的饮水，缺水对狐狸的影响比缺饲料还要严重。根据所喂饲料的稠稀程度添加饮水，每日 2～3 次。冬天可以用洁净的碎冰块或雪代替水放在水盒中。

（2）严把饲料关

在保证饲料营养全价的基础上，一定要把好质量关，防止病从口入。此期禁止饲喂腐败变质的饲料，除海杂鱼外，其他鱼类及畜、禽内脏，特别是禽类肉及其副产品，都应煮熟后饲喂。食盆、场地和笼舍要注意定期消毒。

（3）疾病防治

冬毛期，成年狐狸已经具备了一定的免疫能力，除腹泻和感冒外，患其他疾病的概率比较低。若有腹泻还照常吃食，则可能是投食过量、食未熬熟或饲料变质，查找原因做相应调整后，加喂庆大霉素，一般 2 天后症状即可消失；腹泻不吃食，则采取肌内注射人用黄连素加安痛定，每天 1 次，3 天后病症可痊愈。感冒则表现为突然剩食或不吃食，鼻头干燥，应即刻注射青霉素、安痛定、地塞米松，每天 2 次，直到患病狐狸恢复正常。

# 八、褪黑激素应用

**235** 褪黑激素对动物的作用是什么？

褪黑激素（MT 或 MLT）是一种主要由松果体细胞在暗环境下分泌的吲哚类激素（5-甲氧基-N-乙酰色氨酸），现已能人工合成并生产。褪黑激素参与动物换毛、生殖及其他生物节律和免疫活动的调节，具有镇静、镇痛、调节生长和繁殖的作用。

**236** 褪黑激素诱导狐狸冬毛早熟的应用原理是什么？

狐狸毛被生长的周期性受光周期制约，其实质是通过松果体分泌的褪黑激素控制。长日照抑制褪黑激素的合成，褪黑激素分泌量减少；而当光照长度缩短时，就会减轻这种抑制，褪黑激素分泌量也随之增加，从而诱发夏毛脱落，冬毛生长。因此，冬毛生长与褪黑激素水平密切相关。人为控制褪黑激素的量，如在夏季采用外源褪黑激素埋植在狐狸皮下，并且使褪黑激素逐渐释放出来，则就会使体内的褪黑激素水平升高，也就相当于短日照提前来临，从而使夏毛提前脱落，冬毛提前生长并成熟。

**237** 狐狸埋植褪黑激素有什么好处？

埋植褪黑激素狐狸的毛皮可提前 50～70 天成熟。取皮时间相应提前，对饲养者有许多益处：①毛皮可提前 1 个月左右上市销售，售价相应较高。②提前 1 个月取皮，不仅相应节省了 1 个月的饲料和人工费用，减少了皮张单位成本，而且取皮时的天气尚暖，可以避免因隆冬季节气温较低造成的一部分体质较差皮狐的死亡，从而减少了损失。

**238** 饲养者应购买什么样的褐黑激素产品？

购买质量可靠的褐黑激素产品是保证毛皮提前成熟的基础。质量可靠的褐黑激素应含量充足、埋植后缓释时间长（3～4 个月），效果明显。褐黑激素产品性质较稳定，一般常温避光保存 1～2 年亦不失效，若在冰箱中低温保存效果更佳。

**239** 应在什么时间埋植褐黑激素？埋植的剂量是多少？

要提高应用褐黑激素埋植物的经济效益，关键是适时埋植褐黑激素，准确掌握判断冬皮成熟的标准，适时取皮。①淘汰老种狐狸的适宜埋植时间。老种狐狸繁殖结束即仔狐断奶分窝后要适时初选，淘汰的老种狐狸在 6 月上旬至 7 月下旬埋植褐黑激素。但埋植时，老种狐狸应有明显的春季脱毛迹象，如冬毛尚未脱换，则应暂缓埋植，否则效果不佳。皮下埋植 18 毫克褐黑激素，可使其毛皮提前 1 个月左右发育成熟，同时皮张质量不受任何影响。②幼狐狸埋植时间。当年淘汰的幼狐狸应在断奶分窝 3 周以后，一般在 7 月上旬至下旬埋植褐黑激素。出生晚的幼狐狸也可在 8—9 月埋植，虽然提前取皮效果不明显，但埋植后有促进生长、加快育肥和促进毛绒成熟的作用，对提高毛皮质量有益。皮下埋植 8～12 毫克褐黑激素，其毛皮成熟比未进行褐黑激素处理的提前 4～6 周。

**240** 怎样埋植褐黑激素？

褐黑激素的制成品为圆柱体，用褐黑激素专用埋植器将褐黑激素药品按要求植入狐狸的颈背部略靠近耳根部的皮下处。埋植时先用一只手捏起狐狸的颈背部皮肤，另一只手将装好药粒的埋植针头斜向下方刺透皮肤，再将针头稍抬起平刺到皮下深部，将药粒推置于颈背部的皮肤下和肌肉外的结缔组织中。注意勿将药粒植入肌肉中，否则会因加快药物释放速度而影响使用效果。

因褪黑激素埋植物体积小，易丢失，因此，应注意检查褪黑激素埋植物是否按要求的数量经埋植器推入皮下。另外，在狐狸传染病期间禁止埋植褪黑激素，以避免加速传染病的传播流行。

**241** 应怎样对褪黑激素埋植注射器进行消毒？

埋植褪黑激素前，为防止传染病病原的传播和局部感染，要严格注意埋植药械和埋植部位的消毒，要用消毒酒精充分浸湿药粒和埋植器针头，埋植部位毛绒和皮肤也要用酒精棉擦拭消毒。

**242** 怎样对埋植褪黑激素的狐狸（激素狐狸）进行
饲养管理？

埋植褪黑激素后，狐狸已转入冬毛生长期，故应采用冬毛生长期饲养标准饲养；应适时增加和保证饲料量。埋植褪黑激素2周以后，狐狸食欲旺盛，采食量急剧增加，要适时增加和保证饲料供给量，以吃饱而少有剩食为度。同时，宜将狐狸养在棚舍内光照较少的地方，防止阳光直射，从而提高毛皮质量；察看换毛和毛被生长状况，遇有局部脱毛不净或毛绒黏结时，要及时活体梳毛。加强笼舍卫生管理，根治螨、癣类皮肤病。

**243** 埋植褪黑激素狐狸在什么时间取皮最适宜？

从埋植日计算，90～120天内（10月末至11月中下旬）为适宜取皮期。正常饲养管理条件下，皮狐狸的毛皮在此时间内均应成熟。如埋植褪黑激素120天后皮狐狸的毛皮仍达不到成熟程度，也要强制取皮；一般不要再继续等待，否则会出现毛绒脱换的不良后果。

**244** 埋植过褪黑激素的狐狸能作种用吗？

埋植了褪黑激素的狐狸只能作为皮狐狸取皮，不能再留作种狐狸用。

# 九 、狐狸皮的初步加工

**245** 狐狸的毛皮是由什么构成的？

毛皮是由毛被和皮肤构成，毛是皮肤上的角质衍生物。根据毛的长度、细度和坚实性可分为触毛、针毛和绒毛。银黑狐针毛长50～70毫米，细度50～80微米，针毛占毛被总量的2.4%～2.6%；绒毛长度20～40毫米、细度20～27微米。针毛、绒毛的比例冬季为1：4.10。北极狐针毛长度40毫米、细度54～55微米，绒毛长度25毫米。

**246** 狐狸皮肤的组织结构是怎样的？

狐狸皮肤是由表皮、真皮、皮下组织所构成，它们各有不同的生理机能，并在某种程度上影响毛皮的品质。皮肤厚度一般为0.14～0.3厘米，其厚度随换毛时期而发生变化，狐狸身体各部皮肤厚薄亦不一致。

（1）表皮层

表皮层是皮肤的最表层，占皮肤厚度的1%～2%。狐狸皮的表皮层受季节性影响较大，冬季较厚，春、夏、秋季表皮层较薄。

（2）真皮层

真皮层位于表皮深层，由致密结缔组织构成，一般占皮肤厚度的88%～92%。

（3）皮下组织层

皮下组织层是位于皮肤深层并含有脂肪的疏松结缔组织层，占

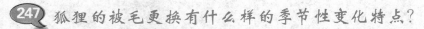

皮肤厚度的 6%～10%，它可分为脂肪层和肌肉层。该层在刮油时都被刮掉。

**247** 狐狸的被毛更换有什么样的季节性变化特点？

赤狐有两个换毛期，但只是第一次换毛明显可见（春季），秋季换毛只长出绒毛，从而使冬季被毛变厚。银黑狐和北极狐只有一次换毛，即春季换毛。春季换毛均从 4 月开始脱毛，至 8 月末结束。狐狸的春季换毛是从腿和腹部开始，从头部向臀部扩展。

**248** 如何确定狐狸皮收取时间？

取皮时间是根据冬皮是否成熟而定的。取皮过早或过晚都会影响毛皮质量，降低利用价值。因此，要准确地掌握好时间。在人工饲养条件下，取皮时间一般为：银黑狐 12 月下旬；北极狐 11 月上旬；幼狐狸比成年狐狸晚一些，健康狐狸早于病狐狸。

**249** 怎样鉴定毛皮的成熟度？

（1）观察毛绒

成熟的冬皮，从外观上看，底绒丰厚，针毛直立，毛绒柔和并富有光泽，尾毛蓬松，颈部和腹部的毛被在身体转动时出现一条条明显"裂纹"。

（2）观察皮肤

将皮狐抓住，用嘴吹开毛绒，观察皮肤颜色，毛绒成熟的皮肤呈浅蓝色或粉红色。

（3）试剥皮观察

试剥的皮板洁白，皮肉易于剥离，刮油省力。银黑狐两耳间毛发白时，即可全群开始剥皮。

**250** 怎样处死狐狸？

处死狐狸的方法很多，应以简便易行、致死快、不污染毛被、不影响毛皮质量为原则。目前较常用的方法有如下几种。

（1）电击法

用连接导线的铁制电极棒插入狐狸的肛门，接通220伏电压的正极，令狐狸接触地面（负极），约1分钟即可被电击而死。此法操作方便，处死迅速，不损伤毛被，是一种比较成功的方法。

（2）心脏注射空气法

一人用双手保定好狐狸，另一人用左手固定心脏，用10～20毫升容量的注射器，装上7号针头，将针头插入心脏（胸骨柄下第2～3肋间），待自然回血，即可注入5～10毫升空气，狐狸两腿蹬直，迅速死亡。

（3）药物致死法

肌内注射盐酸琥珀胆碱（司可林）8～10毫升，或心脏注射氯化琥珀酰胆碱2毫升（每毫升含1毫克药物）。

（4）窒息法

需要密闭的箱一个和胶管一条（长15～20米，直径约30毫米），先将狐狸赶到串笼里，一层层垛在密闭箱内，盖紧箱盖，然后用胶管将汽车废气或一氧化碳气体导入箱内，经3～5分钟可致死。

### 251 怎样剥狐狸皮？

狐狸被处死之后，应在尸体尚有一定温度时剥皮，不得长时间存放，僵硬或冷冻的尸体剥皮十分困难。应剥成皮形完整、毛朝外的筒皮。为了保证皮张的完好性，剥皮时要尽量避免割伤皮张或使皮张上留有残肉。剥狐狸皮的方法主要有圆筒式、袜筒式和片状式3种。目前多采用圆筒式方法。

（1）挑裆

可先挑尾，也可先挑后肢。先挑尾时固定两后肢，用挑刀于近尾尖的腹面中线挑起，至肛门后缘；将一后肢固定，在第一后肢掌心下刀，沿后肢长短毛分界线贴皮挑至距肛门1厘米处，折向肛门后缘与尾部开口汇合；交换两后肢，同样方法挑至肛门后缘。最后把两后肢挑刀转折点挑通，去掉肛门后的小三角皮。也可先由后肢贴皮挑起，方法如上，再由两后肢挑刀，转折于肛门后缘的交点向尾尖沿尾腹正中线挑开一段，直接抽尾即可。

（2）抽尾骨

用挑刀将尾中部的皮于尾骨剥开，用手或 U 形抽夹抽出尾骨。

（3）剥皮

由后向前剥离，剥后肢时先用手插入后腿的皮与肉之间，小心剥下后肢的皮，并保留，剥至掌骨时细心剥出最后一节趾骨，用剪刀剪开，保证后肢完整带爪。后肢剥完后，用手向头翻拉剥皮，公狐狸剥到腹部，要及时剪断阴茎，以免撕坏皮张；剥至前肢，左手握紧皮，右手用挑刀在耳根基部、眼眶基部、鼻部贴着骨膜、眼睑，以及上、下颌部小心剥离皮肉连接处，使耳、眼和鼻唇完好无损，即可得到一张完整的筒皮。

**252** 狐狸皮初加工的步骤和基本要求是什么？

狐狸皮初加工的步骤主要包括刮油、洗皮、上楦、干燥、下楦，皮张的整修和包装等；基本要求是剥皮适当，皮形完整，头、腿、尾完全，抽出尾骨、腿骨，除净油脂，开后裆，毛朝外，圆筒晾干。

（1）刮油

鲜皮皮板上附着油脂、血迹和残肉等，这些物质均不利于对原料皮的晾晒、保管，易使皮板假干、油渍和透油，影响鞣制和染色，所以必须除掉。狐狸皮刮油要在皮板干燥前进行。先将鼻端挂在钉子上，毛向里套在粗胶管或光滑的圆形木楦上，用刮油刀或电工刀由后向前刮油。刮油时，持刀要平稳，用力要均匀，边刮边撒锯末或搓洗手指，防止油脂浸染毛被。以刮净残肉、皮下脂肪、结缔组织，又不损坏毛囊为原则。四肢，尾皮边缘，头部的脂肪、残肉不容易刮净，要由专人用剪刀剪掉。目前国内外大型养狐狸场均使用自动刮油机刮油。

（2）洗皮

刮油后要进行洗皮。手工操作时，用小米粒大小的硬质锯末或粉碎的玉米芯搓洗，先搓洗皮板上的附油，再将皮板翻过来搓洗毛被，以达到使毛绒清洁、柔和、有光泽的目的，严禁用麸皮或有树脂的锯末洗皮。需大量洗皮时，可采取转鼓洗皮，将皮板朝外放进装有锯末的转鼓里，转几分钟后将皮取出，翻皮筒，使毛朝外，再次放进转鼓里洗皮。为了抖掉锯末和尘屑，再将洗完后的毛皮放进转笼里转。转鼓和转笼的速度要控制在每分钟 18～20 转，运转5～10 分钟即可洗好。目前国内外大型养狐狸场普遍使用自动或半自动转鼓洗皮。

（3）上楦

将刮油洗皮后的狐狸皮使用国家统一规格的楦板上楦，其目的是使原料皮按商品规格要求整形，防止干燥时因收缩和褶皱而造成的干燥不均、发霉、压折、掉毛和裂痕等损伤毛皮。狐狸皮可以一次毛朝外上楦；亦可先毛朝里上楦，干至六七成再翻过来，毛朝外上楦至毛全干卸下。

先用旧报纸呈斜角状缠在楦板上，再把狐狸皮（毛朝里）套在楦板上，摆正两耳，固定头部，然后均匀地向后拉长皮张，使皮张充分伸展后，再将其边缘用图钉固定在楦板上，最后把尾往宽处拉开、固定。前肢从开口处翻到毛朝外自然下垂摆正。目前国外大型养狐狸场使用自动拉伸机，上楦后的狐狸皮自动拉伸到最大张幅后，再固定。

（4）干燥

鲜皮含水量很大，易腐烂或闷板，为此必须采取一定方法进行干燥处理。目前国内大型养狐狸场的皮张多采取风干机给风干燥法，小型场或专业户采取提高室温、通风的自然干燥法。将上楦的狐狸皮用鼓风机风干设备鼓风干燥，如不具备条件，可采用烘干干燥法。室温最好为 20～25℃，相对湿度为 55％～65％，严禁在高温下烘烤。如果干燥不及时，会出现闷板脱毛现象（尾部更为明显），预防方法是两次上楦干燥，即待干至五六成时，再将毛面翻出，变成板朝里毛朝外干燥，但注意翻板要及时，室内每天要通风3～4 次。

（5）下楦

当毛皮的四肢、足垫、脑下部位基本干硬时，要及时下楦。下楦后的狐狸皮，悬挂在 15～18℃ 的常温室内进一步晾干，或在毛绒上喷上白酒，用新鲜锯末拌上 5％ 洗衣粉，在毛绒上反复用手搓，达到除净毛绒上的污垢为止，再把锯末抖净。

（6）皮张的整修和包装

下楦后的皮张，易出皱褶，被毛不平顺，影响毛皮美观。因此，下楦后需用锯末再次洗皮，然后用转笼除尘，也可手持木条抽打除尘。必要时用排针或梳子将缠结毛舒展开，使之蓬松灵活。最后选择木箱或硬纸箱，将皮张按等级、尺码每 10 张 1 捆，拴上标签，平展装入包装箱待出售。如暂不能出售，应在箱内放入防腐、防虫剂，并严防鼠害或虫蛀。

**253** 影响狐狸毛皮质量的因素有哪些？

影响毛皮质量的因素很多，概括起来有自然因素和人为因素两种。

（1）自然因素

狐狸的性别、年龄对毛皮质量是有影响的。同年龄的公皮比母皮张幅大，皮板厚。幼龄皮板薄，毛绒细短，色泽较浅；壮龄皮皮板厚实，毛绒丰足，色泽光润；老龄皮皮板厚硬，粗糙，毛绒粗涩，色泽暗淡。银黑狐 2～3 岁时毛皮质量最佳。

环境对毛皮质量也有影响。产于寒冷地区的毛皮，毛绒丰厚，斑纹、斑点欠清晰，皮板较厚；产于温暖地区的毛皮，毛绒短平，斑点、斑纹清晰，色泽较好，皮板细韧。

寄生虫和其他疾病对毛皮质量都有不同程度的影响。患病的狐狸皮板瘦弱，油性差，被毛黏乱，欠光泽。患皮肤病（癣、癞、疮、疔、痘等）的狐狸，其毛皮质量也会有不同程度的降低。

（2）人为因素

饲养管理不当对毛皮的影响极大。如果日粮中缺乏蛋氨酸、胱氨酸等，将会出现毛皮发育不良，毛纤维强度明显下降；若缺乏亚麻油酸和次亚麻油酸，则皮脂腺功能下降，被毛光泽下降；若缺乏维生素和无机盐，将导致毛纤维发育不良，被毛褪色、脆弱等。

取皮季节、方法对毛皮的质量有影响。不同季节，狐狸处于不同阶段的被毛脱换过程中，其毛被的成熟度和皮板的组织结构都有很大差异，所以，严格控制取皮季节是非常重要的。取皮方法不当，也会造成各种伤残，降低毛皮质量，影响毛皮的使用价值。

正确的初步加工，可以有效地保持毛皮原有的质量，甚至能提升外观美。初步加工不当，势必降低毛皮质量，如剥皮不慎造成刀洞、描刀、撕伤等。另外，晾晒方法不当也容易造成脏板、油浸、贴板、掉尾、焦板、霉板、皱板等缺陷。

保管、运输对毛皮质量也有影响。皮张在长期保管过程中，由于仓库漏雨、库房湿度过大、堆码挤压，以及虫蚀、鼠咬等原因，常造成皮张霉变、腐烂以及咬伤等伤残。在运输过程中，水湿雨淋或捆扎不牢，撕扯头、腿皮等，都会造成皮张伤残，从而影响毛皮质量。

**254** 不同季节生产的狐狸皮有区别吗？品质特征是什么？

不同季节生产的狐狸皮品质各有特点。

（1）冬皮

针毛长而稠密，光泽油润；绒毛丰厚而灵活，毛峰平齐；尾毛粗大；皮板薄韧，有油性，呈白色。

（2）秋皮

早秋皮针毛粗短、颜色深暗、光泽较差，绒毛短稀，尾很细，皮板呈青黄色。晚秋皮毛绒略粗短、光泽较差，背部和后颈部毛绒短空，臀部皮板呈青灰色。

（3）春皮

早春皮毛长显软而略弯，光泽较差，底绒有黏合现象，皮板微显红。晚春皮针毛枯燥，毛峰带勾，底绒稀疏，黏合现象严重。

（4）夏皮

针毛长、稀疏而粗糙（手感带沙性）、光泽差，绒毛极少；皮板发硬而脆弱，无油性。

### 255 狐狸皮的质量鉴定方法有几种？ 如何鉴定？

各品种类型狐狸的皮张，要求皮型完整，头、耳、须、尾、腿齐全，毛朝外，圆筒皮按标准撑板上楦干燥。毛色要符合本品种类型要求。

狐狸皮的质量鉴定方法有仪器测定和感观鉴定两种。毛的长度、细度、密度、皮板厚度、伸长率、崩裂强度、撕裂强度等可通过仪器进行测定。国内目前普遍采用感观鉴定法，通过看、摸、吹、闻等手段，凭实践经验，按收购标准进行毛皮质量鉴定。此法误差较大，尤其是初学者易产生片面性。

看：看毛皮的产地、取皮季节、毛色、毛绒伤残和缺损等。

摸：用手触摸、拉扯、摸捻，了解毛皮板质是否足壮，以及瘦弱程度和毛绒的疏密柔软程度。

吹：检查毛绒的分散或复原程度和绒毛生长情况及其色泽。

闻：狐狸皮贮存不当，出现腐烂变质时，有一种腐烂的臭味。

### 256 怎样检验狐狸的毛绒品质？

将狐狸皮放在检验台上，先用左手轻轻握住皮的后臀部，再用右手握住皮的吻鼻部，上下轻轻抖动，同时观察毛绒品质，细看耳根处有无掉毛。检验时要求毛绒必须恢复自然状态。毛绒品质主要是看毛绒的丰厚、灵活程度，毛绒的颜色和光泽，毛峰是否平齐，有无伤残及尾巴的形状和大小。毛绒品质的优劣，通常有以下三种情况：

（1）毛足绒厚

毛绒长密，蓬松灵活，轻抖即晃，口吹即散，并能迅速复原。毛峰平齐无塌陷，色泽光润，尾粗大，底绒足。

（2）毛绒略空疏或略短薄

毛绒略短，手抖时显平伏，欠灵活，光泽较弱，中背线或颈部的毛绒略显塌陷。尾巴略短、较小；或针毛长而手感略空疏，绒毛发黏。

（3）毛绒空疏或短薄

针毛粗短或长而枯涩，颜色深暗，光泽差，多趴伏在皮板上。绒毛短稀，或绒毛长而稀少，黏合现象明显，手感空薄。尾巴较细。

**257** 怎样检验皮板质量？

皮板质量好的特征是皮板薄或略厚，但柔韧细致，有油性；板面多呈白色或灰青色。板质瘦弱的特征是皮板过薄，枯燥无油性，弹性差，用手轻揉常发出"哗啦""哗啦"的响声。

**258** 收购狐狸皮有哪些规定和规格标准？

中华人民共和国供销合作总社和中国土产畜产进出口总公司公布的狐狸皮收购规格规定如下。

（1）狐狸皮

1）加工要求 皮形完整，头腿尾齐全，抽出尾骨、腿骨，除净油脂，开后裆，毛朝外，圆筒晾干。

2）等级规格 一等皮，毛绒丰足，针毛齐全，色泽光润，板质良好。二等皮，毛绒略空疏或略短薄，针毛齐全，具有一等皮毛质、板质，可有臀部针毛略摩擦（即蹲裆）；两肋针毛略擦尖（即拉撒）；轻微塌脊。三等皮，毛绒空疏或短薄，针毛齐全，具有一、二等皮毛质、板质，可有臀部针毛摩擦较重；两肋针毛擦尖较重；中脊针毛擦尖；腹部无毛；严重塌脖。特等皮，具有一等皮毛质、板质，面积 2 222.22 厘米$^2$ 以上。不符合等内要求的均为等外皮。

3）等级比差 一等皮 100%，二等皮 80%，三等皮 60%，特等皮 120%，等外皮 40%，以下按质计价。

（2）银黑狐皮

1）加工要求　宰剥适当，皮形完整，头、耳、腿齐全，抽出尾骨，除净油脂，按标准加工风干成开后裆毛朝外的圆筒皮。

2）等级规格　一等皮，毛色深黑，银针从颈部至臀部分布均匀，色泽光润，底绒丰足，毛峰整齐，皮张完整，板质良好，毛板不带任何伤残，皮张面积 2 111.11 厘米$^2$ 以上。二等皮，毛色较暗黑或略褐，银针分布均匀，带有光亮，绒较短，毛峰略稀，或有轻微塌脖或臀部毛峰有擦落；皮张完整，刀伤或破洞不得超过 2 处，总长度不得超过 10 厘米，面积不超过 4.44 厘米$^2$。三等皮，毛色暗褐欠光润，银针分布不甚均匀，绒短略薄，毛峰粗短，中脊部略带粗针，板质薄弱，皮张完整，刀伤或破洞不超过 3 处，总长度不超过 15 厘米，面积不超过 6.67 厘米$^2$。

（3）北极狐（蓝狐）皮

1）加工要求　与银黑狐皮的加工要求相同。

2）等级规格　一等皮，毛色灰蓝光润，毛绒细软稠密，毛峰齐全，皮张完整，板质优良，无伤残，面积 2 111.11 厘米$^2$ 以上。二等皮，符合一等皮质，有刀伤破洞 2 处，长度不超过 10 厘米，面积不超过 4.44 厘米$^2$，皮张面积在 1 888.89 厘米$^2$ 以上。三等皮，毛皮灰褐，绒短毛稀，有刀伤破洞 3 处，长度不超过 15 厘米，面积不超过 6.67 厘米$^2$，皮张面积在 1 500 厘米$^2$ 以上。

3）等级比差　一等为 100%，二等为 80%，三等为 60%，等外皮按使用价值分为 40%、20%、5%计价，低于 5%使用价值的不收。

（4）长度规定

等内皮分为 0～6 号，具体长度比差是：

0 号：99 厘米以上为 130%。

1 号：90～99 厘米为 120%。

2 号：81～90 厘米为 110%。

3 号：72～81 厘米为 100%。

4 号：63～72 厘米为 85%。

5 号：57～63 厘米为 70%。

6 号：57 厘米以下为 55%。

量皮方法：从鼻尖至尾根，求其长度，档间差就下不就上。

（5）面积规定

一等皮 1 777.78 厘米$^2$ 以上，二等皮 1 444.44 厘米$^2$ 以上，三等皮 1 222.22 厘米$^2$ 以上。

**259** 怎样划分狐狸皮的尺码长度和尺码比差？

北极狐皮的尺码长度和号码比差见表 9-1。银黑狐皮的尺码长度和尺码比差同北极狐皮。

表 9-1　北极狐皮的尺码长度和号码比差

| 尺码长度（厘米） | 0～79 | 0～88 | 0～97 | 0～106 | 0～115 | 0～124 |
|---|---|---|---|---|---|---|
| 号码 | 2 号 | 1 号 | 0 号 | 00 号 | 000 号 | |
| 尺码比差(%) | 80 | 90 | 100 | 110 | 120 | 130 |

**260** 狐狸皮验质分等时应注意哪些问题？

（1）量皮方法

皮张长度要量取鼻尖至尾根，档间皮长度就下不就上。

（2）狐狸皮各等级尺码规定

系指统一楦板而言，若不符合统一楦板规格的规定或者母皮上公皮楦板，公皮上母皮楦板，一律降级处理。

（3）皮质

受焖脱毛、开片皮、焦板皮、白底绒、灰白底绒、花色毛污染、塌脖、塌脊和毛峰勾曲较重者，毛绒空疏，按等外皮处理。无制裘价值不收。

（4）皮板外形

开档不正，缺材破耳，破鼻，不符合皮型标准的、刮油、洗皮不净，非季节皮，缠结毛酌情定级。

（5）光源要求

狐狸皮验质分级应该在灯光下进行。光源应距验质案板上面70厘米高处，一般用2个80瓦的日光灯管，案板最好是浅蓝色。

**261 狐狸皮的伤残皮有哪些种？**

狐狸皮的伤残按其形成的原因，可分为自然伤残和人为伤残。

（1）自然伤残狐狸皮

1）疮皮　皮板上有生疮的疮痕，有轻有重，重疮皮板呈凹凸形状或有较大的皱纹形状，毛绒脱落。

2）缠结毛　重者毛绒基部大块缠结，梳后绒毛空疏，损伤针毛。视轻重和面积大小酌情定级。

3）毛峰勾曲　又称勾针，毛峰呈现有钩形的毛尖，勾曲重者按等外处理。

4）缺针　摩擦毛针，形成一块缺毛峰的状态。根据摩折毛峰的面积酌情降级。

5）秃裆　有尿湿症或笼舍潮湿，致使腹部、后裆部没有毛峰，底绒也稀薄。

6）塌脖、塌脊　颈部毛绒较短稀，呈现出沟形；背脊部正中毛绒短稀，呈现凹陷。轻微的降一级。

7）食毛　伤轻者将身上部分毛绒吃秃，重者将全身大部分毛绒吃秃，呈现一片片秃毛状态。

8）夏毛　一级皮质量，但眼、鼻周围稍带夏毛的按二级皮收购。

（2）人为伤残狐狸皮

人为伤残狐狸皮指取皮初步加工时造成缺陷和伤残的皮，如刀伤、破洞、开裆不正、脱针飞绒、缺腿、缺鼻、缺耳、缺尾和非季节皮等。

1）刮透毛　在刮油时，用力过猛使皮板的网状层和毛囊遭到破坏，毛根在板面上露出。重者无制裘价值。

2）皱缩皮　鲜皮上楦时没有展平，影响皮张的自然形状，皱缩处的皮板不易晾干，容易受焖脱毛，降低制裘价值。

3）受焖脱毛　鲜皮干燥不及时或方法不当，在酶的自溶和细菌的腐败作用下，皮板中的一部分胶原纤维被分解，损伤毛囊，致使毛绒脱落。当鞣制浸水时，伤残面积扩大，受焖处的毛绒全部脱落，轻者局部掉毛，重者失去使用价值。

4）虫蚀　在贮存过程中，由于未及时采取防虫措施，将皮板蛀成孔洞或在皮板上蛀成凸凹不平的小沟，或出现断毛现象。

**262** 狐狸有哪些有利用价值的副产品？怎样收取？

（1）肉的加工利用

狐狸的肉亦可食用，正确加工之后，也是很好的野味食品，是产量不小的肉类来源。除鲜肉可供人们食用外，还可制成肉松、腊肉等。此外，狐狸肉也是非同类肉食毛皮动物的优质全价蛋白质饲料。但应注意，埋植褪黑激素的狐狸肉不能食用。

（2）内脏的加工利用

主要有心脏。狐狸的心脏，有治疗心脏病和癫痫的作用（民间药方）。

（3）脂肪的加工利用

狐狸取皮时正值越冬期，皮下脂肪丰厚，1只狐狸可收取脂肪0.5~1千克；脂肪可作为食用或工业用油，尤其在化妆品的生产中是难得的高级原料。

# 十、兽医卫生综合措施

**263** 养狐狸场对饲料进行兽医卫生监督有何意义？

狐狸的许多传染病如阿氏病、结核病、巴氏杆菌病、旋毛虫病和肉毒梭菌毒素中毒症等疾病都是通过饲料传播的；有些普通病也是由于营养物质（蛋白质、维生素及其他）缺乏而引起的。因此，严格对狐狸的饲料进行兽医卫生检查，是预防多种传染病和非传染病的可靠措施。同时，经常对饲料调配室及其饲料进行卫生检查，也是预防狐狸疾病发生的重要环节之一。

**264** 狐狸用饲料卫生管理应遵循哪些原则？

（1）禁止从疫区采购饲料

有很多传染病，如犬瘟热、狂犬病、鼻疽、结核病、巴氏杆菌病、肉毒梭菌毒素中毒症、布鲁氏菌病等是家畜和狐狸共患传染病。有些还是人狐共患传染病。因此，从疫区采购的带病畜禽肉类饲料易引起疫病暴发流行。

（2）严防饲料发霉变质

管好库房和冷库，严防饲料发霉变质。对已知不新鲜或变质饲料应停止饲喂，或经过无害化处理后方可再喂。要重视灭鼠，因为鼠是很多疫病的传播者。

（3）消除饲料中有毒有害物质

肉类饲料加工前要清除杂质，如泥沙、变质（发黄变绿）的脂肪，拣出毒鱼，用清水洗干净方可进一步加工。

**如何对狐狸用饲料进行兽医卫生监督?**

（1）狐狸常用畜禽副产品

1）鲜血、鲜肝　可以生喂（猪血除外），应随时购入随时饲喂，但不能保存。

2）动物脂肪　要特别注意供给的数量和检查质量。工业用脂肪多由被污染的原料及皮革厂各种皮脂碎屑熔炼而成，包括高酸度（脂肪分解产生脂肪酸，酸败产生臭氧化物、过氧化物及含氧酸）和硬脂化（以羟基族代替游离价脂肪酸）的脂肪，其分解产物对狐狸机体有毒害作用，并破坏混合饲料中的维生素 A、维生素 C 及 B 族维生素。来自屠宰点混有锯末经过再熔化的毛皮动物脂肪，不能饲喂繁殖期的狐狸，只有经检查后，方可喂给皮狐狸。酸败脂肪不能饲喂狐狸。对脂肪的鉴定不能只限于感官，必须以化学方法检查其酸度、过氧化物数目及其有无醛化物的存在。

3）牛、羊和猪胚胎　不能生喂，因常有布鲁氏菌存在，易造成布鲁氏菌病流行。需要时应煮熟后再喂。

4）新鲜优质的兔副产品（兔头、兔骨架、耳）　可以生喂。兔耳及质量差的兔头、兔骨架，需蒸煮后加工喂给。

5）禽副产品（头、肠、爪、皮）　要进行细菌学检查，特别注意有无巴氏杆菌。质量好的可以生喂。

（2）鱼及其副产品

有毒鱼类不能喂给狐狸；淡水鱼类一般均含有破坏维生素的酶（如硫胺素酶），不能生喂，必须经蒸煮后熟喂。长期保存并带有自体溶解和脂肪酸败症状的鱼绝不允许加入饲料中。质量不好的鱼和其副产品不能作为狐狸的饲料，因为有些鱼和其副产品经蒸煮后也不能破坏其有毒产物（毒素耐热性高）。

（3）蚕蛹

蚕蛹含蛋白质 65%、脂肪 24%，是狐狸较好的动物性蛋白质饲料。日粮中添加 10%～15% 的蚕蛹干代替肉类饲料是完全可行的。但在蚕蛹生产、保存、运输中，常被普通变形杆菌、绿脓杆菌、大肠杆菌和霉菌类等污染，致使其剧烈腐败；蚕蛹脂肪甚至在一般室温下就能很快氧化分解。因此，利用时要十分慎重，应当预先进行细菌学、霉菌学和毒物学检查，并经过蒸煮后才能喂给非繁殖期的狐狸。

（4）乳及乳制品

新鲜无污染的牛乳可生喂；来源不明（农场、奶站供应）的乳，应实行巴氏灭菌后喂给；腐败牛乳不能喂。新鲜凝乳块是狐狸繁殖期较好的饲料，呈白色，酥脆，味微酸；腐败凝乳块颜色发黄或呈污绿色，黏稠，有酸败脂肪味或丙酮味，并有霉变，不能喂。

（5）植物性饲料

1）谷物饲料　包括混合饲料、麸子、粉面、完整籽粒等。除应检查杂质（芒棘和异物）外，还必须进行霉菌毒物学检查。豆饼和其他油饼（葵花饼、花生饼等）可以饲喂狐狸，但并不是好饲料，主要因为其有时含有有毒物质（氢氰酸、棉籽油醇等），会导致消化和代谢紊乱、中毒，因此对没有经过专门检查的豆饼及其他油饼不能喂毛皮动物。

2）青饲料　包括白菜、菠菜、甘蓝、莴苣、茎叶、水生植物、青草等。应妥善保存，气温高的季节可放于木架上，不要堆在地上，以防腐烂。水生植物应除去根后饲喂。北方冬季应放于 $0 \sim 4$℃的窖内贮存。

3）块根、块茎类和蔬菜　必须新鲜才能饲喂，腐烂、发霉或被虫及啮齿类损坏的不能利用。

4）植物油　应检查其酸度和酸败情况。如果酸败变质（混浊、有异味、有酸味），则不能饲喂。原因是酸败变质的植物油对狐狸的生产力和仔狐的发育均有不良影响，甚至可引起中毒而死亡。

（6）维生素类饲料

1）鱼肝油　检查鱼肝油时，应注意其颜色、透明度及稠度。实验室检查测定维生素 A 含量大大低于规定商品标准时，即认为这样的鱼肝油是酸败的。

2）饲料酵母　包括面包酵母、啤酒酵母、水解酵母、石油酵母、蛋白-维生素合成物等。面包酵母和啤酒酵母在加入混合饲料前必须蒸煮，否则能引起狐狸急性胃扩张，水解酵母和蛋白-维生素合成物必须经霉菌学检查。多种维生素（医药工业制造的多种糖衣丸、片）如保存不合理（湿度、温度等），则需进行霉菌毒物学检查。

 **266 对饲料加工室和饲料加工用具、食具有哪些卫生要求？**

（1）饲料加工室

饲料加工室应门窗密闭，防止老鼠等动物窜入；夏季门窗应安装纱网，防止蚊蝇进入；墙壁和地面要随时清扫、冲洗和消毒，特别是每次加工完后，要彻底冲净，勿留死角，以防细菌繁殖；生、熟饲料加工要相对隔离；要防止有毒有害物质混入，也要禁止用有毒、有异味的药物消毒；工作人员进出饲料室，要更换工作服和鞋，非饲料加工室人员严禁进入饲料室。

（2）饲料加工用具和食具

饲料车、饲料加工容器、食盆和水盒，每天在饲喂间隙要进行清洗，并定期消毒；尤其是在哺乳期及炎热的夏天更要严格消毒。

**267 对饮用水有哪些卫生要求？**

要管理好水源和饮具，饮水器具要经常刷洗、消毒，防止藻类和霉菌滋生。

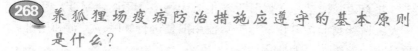 **268 养狐狸场疫病防治措施应遵守的基本原则是什么？**

人工饲养下的狐狸未得到完全驯化，仍保留有野性，并且单位养狐狸场内养殖数量多；一旦发病，特别是传染病，对每只狐狸进行单独治疗困难极大甚至是不可能的。因此，养狐狸场在疫病防治上必须遵守"预防为主，防重于治"的原则，控制或减少疫病的发生。

**269** 养狐狸场的卫生制度包括哪些内容？

（1）加强疫病检疫

凡引入新狐狸，都应经过检疫，隔离饲养 2 周以上，确认健康无病方可进场混群饲养。各种饲料、物品等都应从非疫区购入。

（2）严格控制或谢绝参观

为防止引入病原和狐狸受到惊扰，应尽量减少外来人员进入饲养场，必要时须经场兽医同意，场领导批准，并经卫生消毒后方可入场。

（3）养狐狸场门口设消毒槽

大中型养狐狸场消毒槽一般是用水泥灌注而成，槽深 40 厘米、宽 250 厘米、长 800 厘米。槽内放入消毒药，供车辆和工作人员出入时消毒。

（4）经常保持棚舍及笼箱清洁

笼箱下的粪尿应每天及时清除，保持地面清洁和干燥，这是灭蝇和防止疾病发生的最有效办法，特别是低纬度地区在夏季更应如此。养狐狸场每周应清扫积粪 2～3 次，每集中清理一次粪尿后，应撒生石灰消毒，将粪便运出场外。狐狸常将饲料叼入小室内存放，个别的还在小室内排泄粪尿，易导致病原滋生传播疾病；因此，小室内和笼网上的剩食及粪便要经常清除；食具要经常清洗，并定期消毒。

（5）保持垫草卫生

垫草要求清洁、干燥、无泥土、无污染、不腐烂霉变，还要防止犬、鼠絮窝而传染疫病。垫草使用前要进行暴晒。发霉和用过后重又晒干的垫草不能使用。

（6）死亡狐狸的剖检

必须在兽医诊疗室特设房间内进行，解剖后的尸体及其污染物应烧毁或深埋，用具进行彻底消毒。对饲养过病狐狸的笼子，要进行消毒。从场内隔离出来的狐狸，不再归回狐群内，直至屠宰期取皮利用。

（7）严格检查饲料

每批饲料都应检查其新鲜度和细菌培养率，同时要做好饲料调配室的卫生监督工作。

（8）保持工作用具卫生

饲养人员的工作服、胶靴及护理用具等应编号，固定人员使用，不得转借他人。工作结束后，应将工作服和靴子消毒后再用。绝对不允许把工作服穿回家或不穿工作服进场。

（9）利用药物预防疾病

利用特定的药物预防狐狸群体特定传染病的发生与流行是一种非特异性方法。但是，在使用药物添加剂进行动物群体预防时，应严格掌握药物剂量、使用时间和方法。要注意长期使用药物易产生耐药菌株，影响防治效果。因此，应定期进行药物预防，同时将各种有效药物交替使用，既可防止产生耐药性，又能收到较好的效果。

## 270 养狐狸场常用消毒方法有几种？

平时常用的消毒方法有物理消毒法、生物消毒法和化学消毒法三种。物理消毒法包括清扫、日晒、干燥和高温火焰消毒等，主要是影响病原微生物繁殖力；化学消毒法即用化学药物杀灭病原体，应用最广泛；生物消毒法主要是对粪便、污水和其他废物作生物发酵处理消毒。

## 271 怎样利用物理消毒法进行日常消毒？

（1）紫外线消毒

太阳光中的紫外线对微生物具有杀死作用。因此，在场区周围不应种植和栽培树木及高粱作物。要定期清除杂草。夏季来临前要彻底清扫笼箱。

（2）火焰消毒

火焰消毒是养狐狸场经常采用的消毒方法。特别是早春、冬季和深秋温度比较低的季节，常用火焰喷灯消毒笼箱、食板。使用时为避免火灾，常使用煤油而不用汽油。近年来，瓦斯火焰喷灯得到推广。在消毒木制部分时，以烧到变黑为宜，但不能达到炭化程度；金属部分用急火焰，可将铁丝笼网上的污物（粪便、绒毛）烧尽。酒精灯、瓦斯灯及气炉子火焰，可用以对采血、接种的器械消毒。

（3）水蒸气消毒

常用于进行绷带材料、工作服、实验室培养基和某些药物溶媒的消毒。福尔马林蒸气对窝箱、工作服和用具上的病原体消毒很有效，在国外已经采用。一般是用冷藏车厢改装而成的福尔马林蒸气室，每立方米容积消耗纯福尔马林 75～250 克，作用时间从福尔马林沸腾时开始，40 分钟到 2.5 小时，一次最少消毒 24 个银黑狐或北极狐的窝箱。狐狸患霉菌病时，用此法消毒窝箱最为适用。工作服、捕捉网、手套分别挂在蒸气室的钩上，扫帚、耙子等用具顺小室壁放置。

**272** 常用化学消毒药剂有哪几种？

常用的化学消毒药剂有氧化剂、石炭酸及其同系物、碱类和重金属盐类 4 大类。

（1）氧化剂

常用氧化剂包括漂白粉、氯亚明、高锰酸钾和一氯化碘。

1）漂白粉　用以消毒粪便、垃圾箱，以及消毒水源。因其对金属有腐蚀作用，故不适用于笼子消毒。消毒每立方米需要10％～20％漂白粉溶液 10～15 升。

2）氯亚明 B（一氯亚明）　用以消毒污秽地面、房间等，常以粉剂和水溶液使用。对芽孢型微生物，有效氯应当为 4％～5％；生长型为 1％～2％。

3）高锰酸钾　广泛用于消毒开始腐败的副产品、饲料调配室及饲料加工机器，应用浓度大约 10％。

4）一氯化碘（ICl 74 制剂）　在狐狸患有秃毛癣时，用以消毒场内地面（以 10％浓度，按每立方米 4 升计算）。

（2）石炭酸及其同系物

　　石炭酸及其同系物包括甲酚合剂、来苏儿（煤酚皂溶液）、克辽林（杂甲酚）等。

　　1）甲酚合剂（3％硫酸-石炭酸）　其热水溶液可用于消毒地面及垃圾，但作业时应遵守防护措施。

　　2）来苏儿　在养狐狸场内是一种最适用的消毒药。用5％～10％热水溶液消毒窝箱、食板、饮水盒等饲养器皿和饲料加工机器；1％～3％溶液消毒手、尸体及解剖器械等。但来苏儿对真菌和芽孢型微生物消毒效果不好。

　　3）克辽林　与来苏儿使用范围相同。考虑其毒性较大，当笼箱准备使用之前，必须先行消毒数日。还可用以消毒篱笆和栅栏等。

　　（3）碱类

　　碱类主要利用苛性钠（氢氧化钠）和碳酸钠。

　　1）苛性钠　是发生病毒性和细菌性传染病时，最为常用的消毒药之一。除金属笼子以外（因有腐蚀作用），对养狐狸场的其他物品都适用。浓度以1％～4％热水溶液为宜。用于窝箱消毒时，消毒1～2小时后，即可把小狐狸放入其中饲养。

　　2）碳酸钠　是洗刷和消毒狐狸饲料调配室、饲料器皿、饲料加工机器、窝箱及食板等的有效药物，对大多数细菌和病毒都有致死作用。随着溶液温度增高，其杀灭作用增强。例如，0.5％溶液加温到80℃经10分钟能杀死炭疽病原菌的芽孢。常应用0.5％～5％热水溶液。

　　（4）重金属盐类

　　主要用硫酸铁（绿矾）作冷库消毒。先用3％～5％福尔马林蒸气对冷库进行普遍消毒，后用氢氧化钠溶液洗涤地板、天棚、墙壁、门，再用5％绿矾热溶液喷雾冲洗天棚、墙壁和门，最后用生石灰悬浮液刷墙。

**273** **什么是特异性预防？对养狐狸场疫病防治有何意义？**

　　特异性预防是人工预防接种（菌苗、疫苗、类毒素、免疫球蛋白等）而使机体获得抵抗感染的能力。一般是在微生物等抗原物质刺激后才形成的（免疫球蛋白、免疫淋巴细胞），并能与该抗原起特异性反应。

传染病对养狐狸危害严重，一旦发生难以治疗，甚至会导致全群死亡，养殖失败。因此，养狐狸场必须对常见、经常发生和危害严重的传染病进行定期接种疫苗，以杜绝传染病的发生和蔓延。

**274** 养狐狸生产中应对哪些传染病进行疫苗的预防接种？接种程序如何？

生产中主要是对犬瘟热、病毒性肠炎、传染性脑炎（传染性肝炎）和加德纳氏菌病进行疫苗预防接种，几种疫苗免疫程序见表10-1。

表 10-1　狐狸主要传染病免疫接种时间

| 疫苗种类 | 预防疾病 | 接种时间 | 用法与用量 | 备注 |
|---|---|---|---|---|
| 犬瘟热冻干活疫苗 | 犬瘟热 | 配种前30~60天 45~50日龄 | 按产品说明书使用 | 两种疫苗可同时使用 |
| 水貂病毒性肠炎灭活疫苗 | 细小病毒性肠炎 | 配种前30~60天 45~50日龄 | 按产品说明书使用皮下或肌内注射每只3毫升 | |
| 传染性脑炎甲醛灭活吸附疫苗 | 传染性脑炎 | 配种前30~60天 55~60日龄 | 按产品说明书使用按瓶签注明的头份，用专用稀释液稀释，每只肌内注射1头份 | 无 |
| 阴道加德纳氏菌灭活疫苗 | 阴道加德纳氏菌病 | 配种前2周 | 按产品说明书使用 | 无 |

**275** 母源抗体对幼狐狸首次疫苗接种有什么影响？

仔狐狸的母源抗体可通过胎盘和初乳获得相当于母狐狸的77%的血清抗体，其中5%来自胎盘，95%来自初乳。母源抗体可以中和入侵的微生物，无论是在现场条件下致病性微生物入侵狐狸体内，还是活的弱毒疫苗被接种于狐狸体内，都可能被母源抗体消灭。如果接种的疫苗被破坏，那么免疫就会失败，狐狸体内就不会产生相应的抗体。同时，由于母源抗体也被弱毒疫苗中和了，狐狸失去了抵抗力，就不能抵抗外界这类病原的入侵而会发病。母源抗体可以在一定时间内不受犬瘟热、细小病毒性肠炎和狐狸脑炎的强毒感染，据国外报道，仔狐狸第8周龄时犬瘟热母源抗体已消退了80％，到第9周龄时已全部消退。因此初免的日龄不能超过63天。

**276** 为什么某些传染病在幼狐狸首次接种疫苗后的短时间内会发病？

目前，犬瘟热、细小病毒性肠炎和狐狸脑炎等传染病常在仔狐狸断奶2～3周后接种疫苗，接种后的3～15天很快发病，表现出相应的临床症状。导致发病的原因很多，其中一个主要的原因是接种疫苗的时间晚了，因为仔狐狸体内的母源抗体在生后第9周龄时就已消失，并且接种疫苗后需经7天以上的时间才能产生保护性抗体。因此，若在第9周龄（63天）注射疫苗，注射后狐狸需经7～14天的时间才能产生保护性抗体，这就有10天左右的时间为免疫空白期，如果在这期间有强毒的侵入，就会发病。

**277** 接种疫苗后狐狸有不良反应吗？如何救治？

狐狸在注射疫苗后一般的反应为食欲轻度下降，体温略微升高，经过1～2天很快恢复，不必处理。但有时也出现过敏反应，一般在接种疫苗后的1～2小时内或半天内，狐狸精神沉郁，呕吐，食欲废绝，甚至发生神经症状，卧地不起等。遇此情况可用肾上腺素0.3～1毫升，肌内注射；或用地塞米松0.5～2.5毫克；必要时可用10％葡萄糖酸钙10～20毫升，5％葡萄糖氯化钠200毫升，静脉注射。

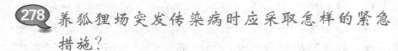

**278** 养狐狸场突发传染病时应采取怎样的紧急措施？

（1）及时报告疫情

在养狐狸场狐狸发病或死亡时，饲养人员应立即通知兽医人员，兽医人员应及时检查，当怀疑有某种传染病发生时，应立即向场领导和上级有关部门报告，及时把病理材料送实验室，迅速确诊。一旦确诊为传染病，应逐级向有关部门报告，并按国家有关规定执行，还应通知邻近单位和有关部门注意做好预防工作。

（2）检疫隔离

首先应对狐狸群进行检疫，并根据检疫结果，将狐狸群分为病狐狸、疑似感染狐狸（与病狐狸或其污染材料有过明显接触的）和假定健康狐狸（与前两种狐狸无接触的）分群饲养管理。病狐狸是最危险的传染源，必须放入隔离舍内由专人护理和治疗，不准畜禽进入和病狐狸跑出；所有的饲养管理用具均应固定；护理人员和医疗人员出入均须消毒。对疑似感染狐狸，应在消毒后进行紧急预防接种和药物预防，并集中观察，经 1～2 周不发病即可解除隔离。对假定健康狐狸，应进行紧急预防接种和采取相应的保护措施。在隔离期间，应停止称重、打耳号及其他移动狐狸的生产工作。

（3）封锁

当养狐狸场发生如犬瘟热、病毒性肠炎等烈性传染病时，除严格隔离病狐狸外，应立即划区封锁。本着"早、快、严、小"的原则，根据不同传染病，划定疫区范围进行封锁，即执行封锁应在流行初期，越快越好，严密封锁，但范围不宜太大。在封锁区内的易感动物应进行预防接种，对患病动物进行治疗、急宰或扑杀等处理。封锁时间因不同传染病而异。

（4）尸体处理

死于传染病的狐狸尸体含有大量病原体，常可污染环境，如不妥善处理，会成为新的传染源，危及其他健康狐狸。常用的处理方法有 3 种。

1）生物热掩埋法　选择地势高，水位低，远离居民区、养殖场、水源和道路的僻静处，挖一个 2 米以上适当大小的坑，坑底撒布生石灰，放入尸体后，再放一层生石灰，然后填土掩埋，经 3～5 个月生物发酵，达到无害化目的。

2）火化法　挖一个适当大小的坑，内堆放干柴，尸体放于柴中，倒上油等燃料焚烧，直至尸体烧成黑炭为止，之后将其埋在坑内。大型养狐狸场应建造焚尸炉，以便焚烧尸体。火化法对狐狸尸体处理最为适合。

3）煮沸法　有条件的养狐狸场可将尸体进行高压灭菌，此法可靠，灭菌后的尸体可综合利用。

（5）消毒

消毒是防控传染病的一项重要措施，目的在于消灭被传染源散布于外界环境中的病原体，以切断传染途径，阻止疾病继续蔓延。

（6）解除封锁

在最后一只病狐狸死亡、急宰或捕杀后，在经一定时期观察，若再无新病例发生，应对养狐狸场进行全面大消毒后解除封锁。

**279** 狐狸疾病临床诊断的基本方法有哪些？

临床诊断的基本方法包括问诊、视诊、触诊、叩诊、听诊和嗅诊等，以及一些特殊的诊断方法。必须全面细致地进行。

（1）问诊

问诊是在检查病狐狸之前或检查病狐狸的过程中，向饲养人员了解病狐狸的各种情况，作为诊断的基础资料。此法对狐狸的疾病诊断非常重要，因为笼养的狐狸是在局限的环境条件下生活的，只有饲养管理人员对狐狸群非常熟悉，而且他们有丰富的饲养管理知识和诊治病狐狸的经验，因此通过调查了解情况，对诊断和治疗疾病是很有帮助的。问诊的内容如下。

1）狐群来源及其饲养管理情况　要查清引进狐群地区或养狐狸场的疾病流行情况及采取的防疫措施，如调出狐狸的饲养场有慢性传染病，进场时又未严格检疫和隔离观察，则很可能将该病带入。全面了解狐狸群饲料的种类、质量、来源及饲料添加剂的使用情况，大多数疾病都与饲料有关，如长期饲喂贮藏过久或冷冻不当而变质的高脂肪类动物性饲料，加之维生素 E 和 B 族维生素补给不足，就会发生黄脂肪病。在管理上，不清洁的饮水常导致球虫或绦虫等寄生虫病；北方养狐狸场如过早地撤除小室内垫草，则会引起狐狸群呼吸道疾病；笼舍、小室结构不合理，会使狐狸群发生外伤进而引起脓肿等。

2）发病时间、症状和死亡情况　根据发病时间可以了解疾病的经过、发展及预后，借助于典型症状可以判断疾病的性质和部位。

3）病狐狸的治疗情况和效果　了解治疗情况有助于分析病情，如果抗生素和磺胺类药物治疗有效，很可能是细菌性传染病，即可依此来制订合理的治疗方案。

4）病史和流行情况　如养狐狸场附近出现鸡霍乱流行，病狐狸又出现急性败血性死亡，则可能是巴氏杆菌病。又如养狐狸场周围的犬发生急性结膜炎、鼻炎和肺炎，并伴有大批死亡，而该场的病狐狸也有相似的症状，则应怀疑是犬瘟热。

（2）视诊

视诊包括用肉眼或借助于器械来观察、检查病狐狸的精神状态，食欲变化，粪便状态，发病部位的异常变化等。

1）食欲及饮水　注意采食的速度、数量和时间。根据食欲情况，可区分为食欲减退、废绝、亢进等。同时，要观察采食、咀嚼、吞咽有无异常，有无呕吐症状。

2）外貌视诊　注意狐狸的体况，过度消瘦多为病态。观察狐狸起卧、运动时的姿势有无异常。观察狐狸的精神状态有无异常。

3）被毛及皮肤　观察被毛的光泽、颜色及脱换情况。患病狐狸被毛蓬乱无光、背毛不完全。注意有无自咬、食毛现象，有无皮肤寄生虫或疥癣。

4）粪便性状　狐狸的粪便多为长条状，前端钝圆后端稍尖，表面光滑，色深褐。发病后粪便的颜色、数量、性状都会发生变化。

5）可视黏膜　可视黏膜的颜色可反映出机体血液循环状况及血液的变化。通常检查口腔、眼睑、肛门、阴道等黏膜，正常黏膜的颜色为淡粉色。黏膜苍白为贫血的特征，黏膜发红多见于中暑或中毒性疾病；黏膜黄染多见于黄脂肪病，肝肾变性等病；黏膜发绀多见于心力衰竭、食盐中毒等病。此外，眼睑肿胀多见于犬瘟热、维生素 A 缺乏症等；肛门肿胀多见于炭疽。

6）鼻腔分泌物　健康狐狸不流鼻液，当患犬瘟热、肺炎等，均流出大量鼻液；肺坏疽时鼻液带有恶臭味。

7）呼吸次数及呼吸姿势　健康的狐狸为胸腹式呼吸，呼吸时均匀一致，有一定的呼吸频率（北极狐 18～48 次/分钟、银黑狐 14～30 次/分钟）。若呼吸频率不在正常范围内则为病态，呼吸次数增加常见于肺脏、心脏疾病，呼吸次数减少多见于某些脑病（脑炎、脑水肿）。

（3）触诊、叩诊与听诊

由于狐狸体型小，毛绒丰厚，野性大不宜固定，因此触诊、叩诊与听诊对狐狸不常使用。

**280** 怎样进行狐狸的体温检查？有什么意义？

体温变化是疾病的重要症状之一，各种传染病或炎症均可引起体温升高；中毒、失血、或濒死前均可引起体温下降。因此，体温检查是临床诊断不可缺少的项目。健康狐狸都有一定的体温范围，即正常体温。超过体温范围 0.5℃以上称为发热，按体温升高的程度可分为微热（较正常体温升高 1℃）、中热（较正常体温升高 2℃）、高热（较正常体温升高 3℃以上）。测量狐狸体温的方法是用体温计插入肛门，经 3～5 分钟观察水银柱所升高度。狐狸的正常体温，北极狐 38.7～40℃，银黑狐 38～40℃。

**281** 对狐狸进行尸体剖检前应做好哪些工作？

尸体剖检是诊断疾病的重要步骤，通过剖检可确定各内脏器官的病理变化，找出发病原因，认识疾病的实质，同时验证生前诊断是否正确。剖检前应准备好专门的剖检室；室内应备好剖检台（或用搪瓷盘代替），剖检器械（解剖刀、剥皮刀、解剖剪、外科刀、骨钳）、酒精灯、消毒液、工作服、胶靴、围裙、手套、记录本等。

 **282 狐狸尸体剖检包括哪些内容？**

剖检人员应穿好工作服和胶靴，戴好手套、口罩。首先将狐狸尸体腹部向上，四肢固定在解剖台上。尸体剖检主要包括外表检查、皮下检查、剖腹检查、腹腔内脏检查、胸腔检查、胸腔内脏检查和颅腔检查。

（1）外表检查

1）营养状况　尸体消瘦多见于慢性病，肥胖者多见于急性病。同时注意体表有无外伤、肿胀。

2）尸僵　狐狸死后6～10小时尸体肌肉收缩变硬称尸僵，尸僵顺序从头部开始至上肢、躯干、后肢，24小时后尸僵开始缓解变软。尸僵不全多见于败血症；尸僵多见于急性死亡或肌肉发生剧烈收缩的疾病如破伤风。

3）天然孔　指口、鼻、肛门、阴道。死于炭疽的尸体，天然孔出血呈煤焦油状；死于伪狂犬病的尸体口腔流出血样泡沫，舌有咬伤。

4）可视黏膜　黏膜出血常见于巴氏杆菌病；黏膜黄染多见于钩端旋螺体。

5）尸斑　狐狸心脏停止跳动后，由于重力的关系，血液流向最低部位，呈青紫色，内脏及皮肤均可表现，由此可确定狐狸死亡的姿势和位置。

6）尸腐　狐狸死后由于酶的作用尸体很快腐败，又称自溶。腐败最快的是胃脏和胰腺。自溶后的尸体不能作诊断。

（2）皮下检查

先用消毒液消毒腹部皮肤，然后从耻骨缝向前剪开皮肤至颈部，剥离皮下组织，注意皮下脂肪颜色，黄脂肪病脂肪黄染。观察皮下有无肿胀、出血、浸润。

（3）剖腹检查

从肛门沿腹中线向前剖开，再沿肋骨前缘将腹壁横断切开。首先注意有无异味气体，蒜味为砷中毒，葱味为磷中毒。检查腹腔内有无渗出液，注意其颜色、数量；如有血液，多为内脏出血或内脏破裂；如有粪便或食物，多由于胃肠穿孔、破裂。

（4）腹腔内脏检查

注意各内脏器官的大小、颜色、质度，有无出血、充血、瘀血、坏死、破裂等病变。

1）肝脏　注意肝脏的大小、颜色、硬度、小叶是否清晰。传染病常发生肝肿大、色变黄，质脆，肝小叶不清。还应注意有无脓肿、出血及切面变化。

2）脾脏　注意大小、颜色及切面情况。细菌性传染病常使脾肿大数倍。

3）肾脏　注意颜色，大小，有无肿胀，包膜剥离情况，包膜下有无出血、坏死病变；纵切后观察切面皮质部和髓质部界线是否清楚，有无结石病变。

4）胃肠道　观察浆膜的颜色、有无出血，然后用剪刀纵切观察胃肠黏膜变化。肠炎、中毒性疾病多有充血、出血、溃疡灶。观察肠系膜淋巴结的颜色、大小及切面变化。

5）膀胱　注意膀胱浆膜及黏膜有无出血、肿胀及结石。

6）子宫　注意子宫有无出血，胎儿情况。

（5）胸腔检查

沿胸骨两侧剪断肋骨，将胸骨及肋骨压向两侧，观察胸腔有无积液；注意积液性质，是浆液性、纤维素性，还是脓性，以便分析病情。观察胸膜与肺脏是否粘连。

（6）胸腔内脏检查

1）心脏　首先注意心包有无积液，注意积液数量和性状；然后检查心外膜及冠状沟有无出血；再切开心房心室，观察心内膜及心肌变化。传染病及中毒性疾病常有出血。

2）肺脏　观察肺脏的颜色、大小、质度；切开气管及支气管，观察有无分泌物。将肺组织切下置于水中作漂浮试验，正常肺半浮于水面，水肿肺沉于水中，肝变肺沉于水底，气肿肺漂于水面。

（7）颅腔检查

剥开头部皮肤及肌肉，用骨钳掀开头骨露出脑，观察脑膜有无充血、瘀血、出血。狂犬病、脑病、中暑均出现脑膜充血或出血。

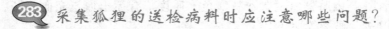

**283　采集狐狸的送检病料时应注意哪些问题？**

当养狐狸场发生传染病时，为迅速确诊，控制疫情，扑灭疫病，以减少不应有的损失，常采取病料送检，进行微生物学和病理组织学诊断。采取病料要有明确目的，怀疑是某种传染病，就应采取相应的病料。一时弄不清是哪种病，就全面采取。采取病料一定要及时，要在狐狸死亡后立即进行，必要时可扑杀后采取。采取病料时用的器械和容器一定要经过消毒灭菌，操作时应避免污染，采取一种材料用一件器械和容器，不得混淆。

**284　怎样采集送检病料？**

（1）实质脏器

通常在病健交界处（病变部连同一部分正常组织），以灭菌剪刀采取 1.5～2.0 厘米的组织两块，其中一块放 10％福尔马林瓶内，供病理组织学检查用；另一块放灭菌容器内，供微生物学检查用。

（2）血液

由于检查目的不同，采血方法也不一样。为供血清学检查用，可由静脉采血 5～10 毫升，沿管壁缓缓流下，防止产生气泡，斜放静止一定时间，待血液凝固后立即送检。一定要防止振动造成溶血。为了检查血象，可由尾尖或趾垫采取血液，直接涂片送检。

（3）脑组织

开颅后，将全部脑组织取出，纵切两半，一半放 10％福尔马林溶液的瓶内，供组织学检查；另一半放 50％甘油生理盐水瓶中，供微生物学检查。在条件不允许的情况下，可将头部取下，用塑料口袋装上包好直接送检。

（4）肠管

采取肠管时，必须连同其内容物一并采取。可在病变部肠管两端结扎，在结扎线外分别剪断，使其放入灭菌容器或塑料袋中送检。

（5）流产胎儿

因狐狸胎儿体积较小，可将整个胎儿取出，放进塑料袋内包好，再放入桶内送检。

（6）脓汁、鼻液、阴道分泌物、胸水和腹水

对未破溃的脓汁及胸水、腹水，可直接用灭菌注射器抽取，放灭菌试管中；如脓汁黏稠，不能直接抽取，可向其脓肿内注射灭菌生理盐水适量后，再进行抽取，必要时切开脓肿吸取。对鼻液和阴道分泌物，可用灭菌棉棒蘸取后，放灭菌试管中存放送检。

**285** 对采集的病料如何保存和送检？

（1）供细菌学检查和血清学检查的液体病料

可直接放灭菌容器内，然后放在装有冰块的广口保温瓶中存放送检。

（2）实质脏器材料

应尽可能在短时间内（夏季不超过 20 小时，冬季不超过 48 小时）送到检查单位。如短时间内不能送到，可将病料放在化学药品中保存。供细菌学检查材料，放在灭菌液体石蜡中或放在 30％甘油生理盐水中保存；供病毒学检查材料，放在 50％灭菌甘油生理盐水中保存；供病理组织学检查材料，放入 10％福尔马林溶液中保存。病料与保存液的适宜比例为 1：10。

（3）供微生物学检查的材料

送检时一定要放在广口保温瓶中。在保温瓶底部放一些氯化铵，然后放冰块，上面放盛有病料的容器，这样可保存48小时。如无冰块，可在保温瓶内放氯化铵450克，加水1 500毫升，这样也可使保温瓶内保持0℃达24小时。

（4）盛有病料的容器

外面用浸渍消毒液的纱布充分擦拭，瓶口以灭菌棉塞或胶塞盖紧，并用胶布密封。同时在瓶上加贴标签，注明病料名称、保存方法及日期。

（5）送检病料

送检病料应指派专人，不得耽误时间。送检过程中要避免高温、日晒，以防腐败和病原体死亡。同时严防破碎，散播传染。

（6）其他

送检病料要附送检单、病情材料介绍和剖检记录，以供检验单位参考。

**286** 治疗狐狸疾病应遵循的基本原则是什么？

（1）整体治疗原则

每一种疾病不管它表现的局部症状如何明显，均属整个机体的疾病。因而，治疗疾病必须从整体出发，应用一切必要诊断方法，尽量在复杂的疾病过程中，找出患病狐狸机体内的主要矛盾方面和次要矛盾方面，以整体作为对象去研究和解决各器官系统之间的失调关系，从而加以统一。

（2）个体治疗原则

治疗患病狐狸时，一定要根据具体情况（年龄、性别、体质强弱等），制订不同的治疗方案。不仅应对相同疾病的不同个体，从患病狐狸体质强弱不同的角度考虑不同的治疗方法，就是在同一个体上，也要随着病情变化，拟定相应的治疗措施。

（3）综合性治疗原则

首先要查明病因，采用中西医结合、针药结合、药疗与理疗结合、内服与外敷结合等方法消除病原，同时加强饲养管理，搞好环境卫生，精心护理，促进病狐狸尽早恢复机体健康。

（4）主动性治疗原则

一旦发病，必须针对病原、病因和各种症状及时采取相应治疗措施。同时应该积极关注病程的发展，在治疗过程中，应随时调整治疗方案。

 **狐狸疾病的治疗方法有哪些？**

狐狸疾病的治疗方法主要有药物疗法、食饵疗法和特异性疗法等。

（1）药物疗法

药物治疗必须在加强饲养管理的基础上，才能使病狐狸迅速恢复健康。由于应用药物的目的和方法不同，所以药物疗法分为病因疗法、病原疗法和对症疗法。

1）病因疗法　是针对疾病的发生机制，以促进器官和组织的功能障碍恢复，提高机体反应性及保卫机能，使患病狐狸迅速痊愈为目的的治疗方法。如为提高机体兴奋性，常用咖啡因，反之则常应用溴剂；为减轻肝脏负担、增强营养、提高解毒功能，常用葡萄糖；为减轻疼痛及其引起的不良刺激，常用奴夫卡因等，均属病因疗法。

2）病原疗法　针对引起疾病的病原用药，以保持机体的防御机能与病原进行斗争的治疗方法。如传染病的病原有细菌、病毒或寄生虫。针对这些病原需采用相应的免疫血清、抗生素或化学药剂等进行治疗。

3）对症疗法　根据病理过程中所出现的某些症状来应用药物的治疗方法，目的是影响一定的病理现象，帮助机体恢复正常。如心脏衰弱时，用强心剂；气管或支气管有渗出物时，用祛痰剂；长期下泻不止时，用收敛剂等。

（2）食饵疗法

食饵疗法是在疾病过程中选择适当的饲料（或适当绝食），满足病狐狸特殊的营养需要，以促进病狐狸痊愈，达到治疗的目的。

狐狸野性强，不宜捕捉进行其他治疗，实践表明，采用食饵疗法常能收到满意的效果。但在实施食饵疗法时应掌握下述原则。

1）供给营养丰富、适口性好的饲料  应选择营养丰富、适口性强、新鲜和易消化的饲料，如鲜牛肉、鲜肝、鲜蛋和鲜牛乳等，尽量满足患病狐狸所需的营养物质。

2）供给患病狐狸特需的营养饲料  为满足患病狐狸最大的营养需要和补充因疾病而消耗的营养物质，除供给充足的能量营养外，必须注意维生素、无机盐类和水的补充。

3）实行适合患病狐狸特点的饲养制度  根据病情可以实施饥饿疗法和半饥饿疗法。如发生胃肠炎或食物中毒时，多采用饥饿疗法，但对绝食时间较长的病狐狸应给予葡萄糖、复方氯化钠或标准体液溶液等，以维持其生命活动；消化不良或慢性胃肠炎时，常采用半饥饿疗法。当转为正常饲养时，应该认真考虑个体情况与疾病特点，一定要严格遵守饲喂时间。

4）应注意饲喂制度  一定要定时、定量，掌握少量多次的原则，绝不能一次喂量太多，增加消化负担。应根据疾病具体情况灵活运用。

5）改善环境条件  在采用食饵疗法的同时，必须把加强饲养管理和改善患病狐狸卫生条件结合起来，给病狐狸创造安静的环境，使其能得到充分的休息，尽快恢复健康。

（3）特异性疗法

特异性疗法是采用针对具有抑制或造成不良条件乃至能杀死病原体的药物进行治疗的方法，亦称针对性的治疗（特异性治疗方法）。根据用药目的和使用药物的不同，特异性疗法可大体分为抗生素疗法、磺胺类药物疗法、免疫血清疗法、类毒素、抗毒素疗法和疫苗疗法等。

1）抗生素疗法  抗生素种类多，治疗目的也不同，为提高抗生素的疗效，在应用中必须掌握如下原则。

①非由微生物引起的疾病一般不能用抗生素，但一时弄不清而又怀疑是传染病时，为了诊断目的也可应用抗生素治疗。此

外，一般轻的病例也不要随意选用抗生素，因为使用抗生素容易产生抗药性。

②不能盲目使用抗生素，根据致病微生物的不同，选用适当的抗生素，不能盲目使用。

③必须按时使用抗生素，为保证达到抑菌或消灭细菌的目的，必须按时使用抗生素，以保持其在患病狐狸血液中的足够浓度。例如青霉素粉剂，每天注射3～5次，第一次用量可稍大些，以后用维持量，连续用到病愈后第二天为止。否则将使细菌产生抗药性，而达不到治愈的目的。

④稀释抗生素不能用蒸馏水，抗生素是由真菌产生的物质，不能用蒸馏水稀释，更不能用酒精溶解。

⑤抗生素有毒副作用，虽然抗生素的有效剂量和中毒剂量之间距离较大，但也不应随意加大用药剂量，在某些情况下也能导致中毒和其他副作用。

⑥不能随意联合使用抗生素，对较严重的疾病可采取几种抗生素联合疗法，效果较好。如青霉素和链霉素常联合应用。但不能随意联合使用。

2）磺胺类药物疗法　磺胺类药物是一种化学合成物质，对某些疾病，如肺炎、肺坏疽、肠道疾病、肾炎及尿路感染等均有较好的疗效，特别是与抗生素交替使用，疗效更为显著。在使用磺胺类药物时，应注意以下几点。

①药量要足，为获良好效果，必须早期用药并保证足够的药量。口服第一次用量应加倍，以后改为维持量，每4～6小时服1次，注射时每日2次（早、晚各1次），可连用3～10天，一般7天为1个疗程。临床症状消失或体温下降至常温2～3天后停药。

②防止蓄积中毒，磺胺类药物具有蓄积作用，长期用药易引起中毒，特别是磺胺噻唑。狐狸中毒的表现是结膜炎、皮炎、白细胞减少、肾结石、消化不良等。因此，用药期间要注意观察患病狐狸的食欲、粪便和排尿情况，必要时进行血常规检查。发现有上述可疑现象要及时停用，改用其他抗生素。为减少刺激和尿

路结石，常与等量碳酸氢钠配合使用。有肝脏、肾脏疾病的狐狸禁止使用磺胺类药物。

③配伍禁忌，磺胺类药物不得与硫化物、普鲁卡因及乙酰苯胺同时使用。长期用药时，应补充维生素制剂，尤其是补给维生素C。

④静脉注射磺胺类药物，注射前对药液必须加温（大约与体温相同），注射速度要缓慢，否则容易引起休克而死亡。尤其对老弱病狐狸更应特别注意。一经发现有休克症状，应立即皮下或静脉注射肾上腺素溶液抢救。

3）血清疗法　利用细菌或病毒免疫动物所制得的高免血清来治疗某些相应的疾病的方法。血清疗法具有高度的特异性，一种血清只能治疗相应的疾病。如犬瘟热高免血清只能治疗犬瘟热；炭疽免疫血清只能治疗炭疽病；巴氏杆菌免疫血清只能治疗巴氏杆菌病。免疫血清不仅有治疗作用，还具有短期的预防作用。应用时要先进行小群试验，避免产生不良后果。

4）类毒素疗法　把某些细菌产生的毒素经过处理，使其失去毒性，但仍保持其抗原性，用来预防和治疗相应疾病的方法。如肉毒梭菌可以在肉类饲料上产生一种毒素，经过处理使它失去毒性以后，可以治疗狐狸肉毒梭菌毒素中毒。

5）抗毒素疗法　利用类毒素免疫动物所获得的高免血清来治疗相应疾病的方法。如破伤风抗毒素，可以治疗破伤风。

6）疫苗疗法　利用某种微生物制成死菌（毒）或活菌（毒）弱毒疫苗，用来预防和治疗相应疾病的方法。疫苗不仅有预防疾病的作用，而且在某种程度上也有治疗作用。如在狐狸紧急接种犬瘟热疫苗后观察到，有一些轻症患病狐狸在注射疫苗后很快痊愈。

**288** 狐狸常用的给药方法有几种?

给药方法与途径直接影响药物的作用和治疗效果。为使药物在狐狸体内充分发挥疗效，可采用不同方法和途径把药物送到狐狸体内。根据药物的性质、作用和治疗目的，狐狸常用的给药方法有口服法（内服法）、注射法和直肠灌注法 3 种。直肠灌注法在狐狸生产中应用较少，在此不做介绍。

（1）口服法给药

口服法给药是狐狸广为采用的给药方法。其优点是简便而安全，主要是通过机体正常采食的途径，可以使用多种剂型（丸、散、膏、丹）投之。缺点是药物常被胃肠内容物稀释，有的会被消化液所破坏，而且吸收缓慢，吸收后需经过肝脏处理，因此难以准确估计药物发生效力的时间和用量。狐狸口服法给药一般多采用自食和舐食法，胃管投药法和灌服法很少应用。

1）自食法　当患病狐狸尚有较好食欲，而且所服药物又无特殊异味时，为节省捕捉方面的麻烦，常采用此法。在喂食前将药制成粉末混于适量适口性强的饲料中，让其采食。在大群投药时，要特别注意把药物和饲料混匀，防止采食不均，造成药物中毒。最好每只狐狸单独喂给。

2）舐食法　当患病狐狸食欲欠佳，而且药物异味较大不宜采食时，可将药物制成细末，混合以矫味剂（肉汤、牛奶、白糖或蜂蜜），加水调和或制成糊状，用木棒或镊柄涂于患病狐狸舌根或口腔上腭部，使其自行舐食。

（2）注射法给药

常用的注射法有皮下注射、肌内注射和静脉注射等。

1）皮下注射　对无刺激性的药物或需要快速吸收时，可采用皮下注射法。狐狸常在肩胛、腹侧或后腿内侧，幼狐狸在脊背上。注射时不必剪毛，用 70％酒精充分消毒注射部位即可注射，用左手拇指和食指将皮肤捏起，使之生成皱襞，右手持注射器，在皱襞底部稍斜向把针头刺入皮肤与肌肉间，将药液推入。注射完毕，拔出针头立即用酒精棉球揉擦，使药液散开。

2）肌内注射　肌肉组织较皮下吸收药物的速度慢。所以凡是企图缓慢吸收，或不能用于皮下注射的刺激性较强的药物及油悬液，应在肌肉丰满的后肢内侧、颈部或臀部作肌内注射。注射部位用酒精棉球消毒，以左手食指与拇指压住注射部位肌肉，右手持注射器稍直而迅速进针。此法在狐狸治疗中最为常用。

　　3）静脉注射　若注射药液刺激性太大，或需使药物迅速奏效时，可采用静脉注射。体型较大的狐狸可直接在后肢隐静脉部剪毛、消毒，以左手拇指固定隐静脉，使其静脉怒张，右手持注射器，将针头斜刺入皮肤和静脉，回血后方可注射。静脉注射一定要严格消毒，并防止药液遗漏在血管外和注入气泡。

# 十一、疾病与防治

## （一）病毒性疾病

 **怎样防控狐狸犬瘟热？**

【流行特点】犬瘟热是由副黏病毒科麻疹病毒属犬瘟热病毒引起的急性、热性、传染性极强的高度接触性传染病；银黑狐最易感，北极狐感受性差。所有年龄的狐狸均可感染，但以 2.5～5 月龄幼狐狸最易感染，哺乳期的仔狐狸不患本病。病犬、病狐狸及带毒狐狸是本病的主要传染源，可通过眼、鼻分泌物，唾液、尿、粪便排出病毒，污染饲料、水源和用具等经消化道传染；也可通过飞沫、空气经呼吸传染；还可以通过黏膜、阴道分泌物传染；主要通过如食盆、食碗、水槽（盒）的串换，配种期种狐狸的调换，公、母狐狸频繁的接触传染；在养狐狸场经常栖居的禽类、家鼠及野鼠，可能同样传播本病。

犬瘟热流行没有明显的季节，一年四季都可发生。病势在早春进展得比较慢，可能在一个饲养班组内发生，病程也很少有急性经过的。随着毒力的增强，传播得比较快，特别是仔狐狸分窝断奶以后病势发展比较快，很快波及其他狐狸及席卷整个饲养场，而且症状明显，病程也短，多呈急性经过，死亡率高达 50%～80%。带毒狐狸的带毒期不少于 5 个月。

【临床特征】潜伏期 3～7 天，有的长达 3 个月。其主要临床特征是以侵害黏膜系统（眼结膜炎、鼻炎，彩图 11-1）为主，两次发热（双峰热），常伴有肺炎、肠炎（腹泻）、皮屑（有特殊的腥臭味）、趾垫肿胀（彩图 11-2），偶有神经症状，具有较高的发病死亡率。急性型的病程 2～3 天死亡，慢性经过的达 20～30 天继发感染而死。

【诊断】根据病史、流行病学资料和典型的犬瘟热症状，可以作出初步诊断。但确诊必须进行实验室检查。犬瘟热与狂犬病、狐狸脑炎、细小病毒性肠炎、脑脊髓炎、副伤寒、巴氏杆菌病、弓形虫病和 B 族维生素缺乏症等疾病相类似，应进行鉴别诊断。

【防控措施】犬瘟热无特异性疗法，用抗生素治疗无效，只能控制继发感染，延缓病程。唯一的办法是早期发现，及时隔离病狐狸，固定饲养用具、定期消毒，尽快紧急接种犬瘟热疫苗。做好预防性接种犬瘟热疫苗是控制本病发生的根本措施，一般应在仔狐狸 45～50 日龄接种；种狐狸在配种前 1 个月接种。

## 290 怎样防控狐狸细小病毒性肠炎？

【流行特点】细小病毒性肠炎是由水貂肠炎细小病毒或猫泛白细胞减少症病毒感染引起的一种急性、热性、高度接触性传染病。犬科多种动物，如貉、犬、狐狸、狼等均可感染发病，但以幼犬（3～4 月龄）最易感。患病狐狸和带毒狐狸是主要传染源，在发热和具有明显临床症状的传染期，不断向体外排毒，并通过污染的饲料、饮水、食具传给健康狐狸。本病没有明显的季节性，但以 7—9 月多发。病毒对外界有较强的抵抗力，在患病狐狸污染的笼子表面，病毒可存活 1 年；寒冷季节，带病毒的粪便等在土壤中冷冻 1 年以上仍不减毒力且具有感染性。

【临床特征】潜伏期 5～14 天，以剧烈腹泻（粪便呈五颜六色，严重时带有黏膜圆柱或称黏液管，彩图 11-3 和彩图 11-4）、呕吐、出血性肠炎、心肌炎、严重脱水和血液中白细胞急剧减少为特征，发病急、传播快、流行广，有很高的发病率。死亡率均在 80%～100%。

【诊断】根据流行病学资料、临床特征性症状、白细胞数明显下降和包含体检查，以及单克隆抗体快速诊断试剂盒检测粪便病毒等，可以作出初步诊断。但若要作出确切的诊断，排除其他细菌性和病毒性肠炎的可能，必须进行实验室检查。细小病毒性肠炎与食饵性肠炎的某些症状相类似，也常与细菌性肠炎（大肠杆菌病、巴氏杆菌病等）、犬瘟热等相混同。因此，要进行类症鉴别，以免诊断错误。

【防控措施】目前尚无特效治疗方法，只能在发病的早期防止继发性细菌感染，降低死亡率。治疗时首先在饲料中添加抗病毒药物如紫锥或黄芪，其次杀菌、消炎、补液、纠酸；大群用硫酸新霉素、硫酸黏杆菌素等拌料，同时可以用口服补液盐、活性炭、小苏打等，个别可以注射头孢类药物对症治疗，狐狸群停药后在饲料中添加益生素降低肠道应激反应。预防狐狸细小病毒性肠炎最好的办法就是接种疫苗，一般应在仔狐狸45～55日龄时接种水貂病毒性肠炎灭活疫苗，或与犬瘟热疫苗同时免疫；种狐狸在配种前30～60天接种免疫。发病后，对发病群中的健康狐狸进行紧急免疫，2倍剂量注射水貂病毒性肠炎疫苗。

## 291 怎样防控狐狸传染性肝炎？

【流行特点】狐狸传染性肝炎，又称狐狸传染性脑炎，是由犬腺病毒科哺乳动物腺病毒属犬病毒Ⅰ型引起的犬、狐狸等犬科动物的一种急性败血性传染病。狐狸，特别是生后3～6个月的幼狐狸最易感。病狐狸经分泌物、排泄物排出病毒；特别是康复狐狸自尿中排毒长达6～9个月之久，是最危险的疫源。本病主要经消化道传播，患病狐狸或康复狐狸的分泌物和排泄物污染了饲料、水源、周围环境，经呼吸道、消化道及损伤的皮肤和黏膜而侵入机体；亦可经胎盘垂直传播；此外，寄生虫也是本病传播的媒介。本病无明显季节性，但在夏秋季节幼狐多，饲养密集，易于本病的传播。本病能引起极高的死亡率（病的流行初期死亡率高，中、后期死亡率逐渐下降）和母狐狸大批空怀和流产，给养狐狸业带来重大的经济损失。幼狐狸发病率达40％～50％，2～3岁的成年狐狸发病率为2％～3％，年龄较大的狐狸很少发病。

【临床特征】潜伏期10天以上。症状多种多样，但以眼球震颤、高度兴奋、肌肉痉挛、感觉过敏、共济失调、呕吐、腹泻及便血为主要特征。本病具有发病急、传染快、死亡率高等特点。根据机体的抵抗力和病原体的毒力，可将本病分为急性、亚急性和慢性3种。

【诊断】根据流行特点、临床症状和病理变化，可作出初步诊断。最终确诊还需要进行包含体检查、病毒的分离培养、血清学试验等实验室检查。北极狐和银黑狐传染性脑炎与脑脊髓炎、犬瘟热、钩端螺旋体病有相似之处，必须加以鉴别，以免误诊。

【防控措施】目前还没有特异性治疗办法。预防接种是行之有效的预防本病的根本办法。我国生产的传染性脑炎甲醛灭活吸附疫苗，一般在配种前30～60天、仔狐狸55～60日龄时接种。

### 292 怎样防控狐狸狂犬病？

【流行特点】狂犬病是由狂犬病病毒引起的、以中枢神经系统活动障碍为主要特征的急性传染病。病毒通过咬伤传递给狐狸。所有哺乳动物对狂犬病病毒都有易感性，患病和带毒动物是本病的传染源，其中犬是主要传染源。银黑狐、北极狐的患病主要是由窜入场内的带毒犬或其他带毒动物咬伤引起的。饲喂患病及带毒动物的肉类也是导致狐狸发生狂犬病的重要原因。狂犬病有很明显的季节性，以春夏较多（5—9月，以5月多发），没有年龄和性别差异。伤口部位越接近中枢或伤口越深，其发病率越高。狂犬病广泛分布于世界许多国家。

【临床特征】潜伏期为5～30天，患病狐狸经过多为狂暴型，大体区分为前驱期、兴奋期和麻痹期3期，呈现狂躁不安和意识紊乱，最终因呼吸麻痹而死亡。银黑狐病程一般为3～6天。

【诊断】临床表现为狂躁不安，高度兴奋，食欲反常，后肢麻痹，攻击人及动物。病理解剖检查，可发现胃内有异物。同时动物中有狂犬病流行，并发现疯犬和野生动物狂犬病例与狐狸接触，即可确诊。狂犬病麻痹期症状常与神经型犬瘟热和急性中毒相类似，应进行鉴别诊断。

【防控措施】目前尚无有效治疗方法。预防狂犬病的发生，必须接种狂犬病疫苗，常用组织培养灭活苗，间隔3～6天2次注射，免疫期为6个月。当发现被狂犬咬伤后，应迅速接种狂犬病疫苗，也可用高免血清治疗。平时的预防措施主要是贯彻"管、免、灭"的综合性防治措施。

1）管 为预防狐狸场发生狂犬病，应坚决防止犬、猫及野生动物进入狐狸场。

2）免 主要加强对家犬及狂犬病多发动物的免疫，并对狐狸场的工作人员进行狂犬病疫苗的接种。

3）灭 捕杀一切发病动物和野犬，被可疑动物咬伤后，应立即处置和紧急疫苗接种，疫苗应用越早，效果越佳。从患狂犬病狐狸死亡的最后一个病例算起，经2个月后解除封锁。

## 293 怎样防控狐狸伪狂犬病？

【流行特点】狐狸伪狂犬病，是由疱疹病毒科伪狂犬病毒引起的一种急性传染病。银黑狐和北极狐均易感，患病动物和患病动物副产品及鼠类是狐狸的主要传染源。猪是本病的主要宿主，猪自然带毒6个月以上。本病可经消化道和呼吸道传染，还可经胎盘、乳汁、交配及擦伤的皮肤感染。狐狸多因吃了带毒猪、鼠的肉及下杂料而经消化道感染发病。狐狸发病没有明显的季节性，但以夏、秋季节多见，常呈地方性暴发流行。初期死亡率高。当从日粮中排除污染饲料后，病势很快停止。本病呈世界性分布，除猪外，对其他动物都具有高度的致死性，死亡率达56.1%。

【临床特征】潜伏期6～12天。以侵害中枢神经系统，发热、皮肤奇痒和死后咬舌，脾肿大7～8倍（彩图11-5），发病狐狸多在急性病程之后以死亡告终为特点。病程短者2～24小时死亡，一般1～8小时。

【诊断】根据流行特点，临床特征性表现瘙痒、眼裂和瞳孔缩小，以及病理解剖与病理组织变化，可以作出初步诊断。为进一步确诊，可进行生物学试验、荧光抗体技术和血清学试验。狐狸伪狂犬病与狂犬病、脑脊髓炎、犬瘟热和巴氏杆菌病等在临床症状上有相似之处，应进行鉴别诊断。

【防控措施】尚无特效疗法。发现本病，应立即停喂被伪狂犬病毒污染的肉类饲料，对发病狐狸用抗生素控制继发感染。预防狐狸伪狂犬病的发生应采取综合防治措施。首先，要对肉类饲料加强管理，对来源不清楚的饲料不买、不用；特别是利用屠宰厂的下脚料时一定要注意，应经高温处理后再喂；凡认为可疑的肉类饲料都应进行无害化处理；养殖场内严防猫、犬窜入，更不允许鸡、鸭、鹅、犬、猪与狐狸混养。伪狂犬病多发的地区，或以猪源肉类饲料为主的养狐狸场，可用伪狂犬病疫苗预防接种。

 **怎样防控狐狸传染性脑脊髓炎？**

【流行特点】狐狸传染性脑脊髓炎是由亲神经性脑脊髓炎病毒引起的一种急性经过的病毒病。8～10月龄的幼龄狐狸易感，死亡率为10%～20%。成年狐狸较有抵抗力，但在不全价饲养和患有慢性疾病等机体抵抗力降低的条件下，死亡率也很高。带病毒动物的鼻、咽分泌物，通过喷嚏、咳嗽向外界散布病毒，这是养狐狸场病原体的主要来源。本病可经空气（飞沫感染）感染狐狸，特别是在冬季，脑脊髓炎感染的用具和笼子可以使病毒传播；发情期的公狐狸也可能传播本病。

该病的流行范围和死亡率是由多方面因素决定的。当饲养管理条件好、机体抵抗力强时，通常仅仅发现散发病例，否则暴发流行而造成大批死亡。固定性是本病的流行特点。在许多年内，可能在被污染的养狐狸场发生在个别窝内的幼龄狐狸中，形成局部地区本病常在性。本病多发于夏秋季节（7—10月）。

【临床特征】潜伏期4～6天，但在污染场内，母狐狸感染仔狐狸虽然感染时间相同，但经过不同的间隔时期（2～3个月），临床上才出现疾病的症状。本病的特征是中枢神经系统损害，伴发兴奋性增高和癫痫发作。特征性临床症状是癫痫发作，发作后个别肌群发生痉挛性收缩，步态摇晃，瞳孔扩大。在发作时常常出现痉挛性咀嚼运动，从口内流出泡沫样液体，发作延长3～5分钟之后，患病狐狸死亡或平息，然后仍躺卧，对刺激、饲料、呼唤均无反应。

【诊断】根据临床和剖检变化，诊断脑脊髓炎并没有困难。突然发病，1～2天后死亡，特征性癫痫发作，各器官内有大量出血，即可诊断为脑脊髓炎。本病应与神经型犬瘟热进行鉴别诊断。

【防控措施】目前尚无有效的治疗方法，一般采用对症疗法，可以应用麻醉药，使病狐狸深度睡眠20～25小时，但用药过后，大多数病例重新发作而死亡。因本病发生较少，所以很少有生产疫苗的。平时预防时，由于主要传染源是带毒病狐狸，因此，对污染狐狸场要经常检查，发现食欲不好、胃肠机能紊乱，特别是有脑脊髓炎轻微症状者，应一律隔离饲养观察到打皮期；在屠宰期对所有病狐狸和可疑病狐狸，包括患病母狐狸的仔狐狸在内，一律打皮淘汰；对流产、难产和生下仔狐狸死亡的母狐狸也应取皮，不得留作种用。

## 295 怎样防控狐狸自咬病？

【流行特点】自咬病是狐狸多见的一种疾病，北极狐为急剧发作，自咬剧烈，常继发感染死亡。除造成毛皮质量低劣外，还可导致母狐狸空怀和不护理仔狐狸（咬死或踏死）。银黑狐的易感性次之。传染源主要是患病母狐狸。本病感染途径及发病机制还不清楚。本病没有明显的季节性，但配种期与产仔期易发作，幼狐狸8—10月发作。本病发病率波动很大，同是一个养狐狸场有的年份发生得多，有的年份就少。

【临床特征】潜伏期20天至几个月。北极狐患自咬病时，咬着尾巴或膝前不松嘴，在笼内翻身打滚，嘎嘎直叫，将尾巴撕裂呈马尾状，尾毛污秽，蝇蛆已产卵于毛丛和皮孔中（咬伤）繁衍成蛆导致自咬更加剧烈，因感染而致死。慢性自咬症状轻，很少死亡，只伤被毛，或将尾毛全部啃光。到了冬季症状有所缓解，翌年配种期复发。银黑狐发病率较低，自咬程度多数比较轻微。

【诊断】根据典型临床自咬症状就可以确诊。

【防控措施】目前，尚无特异性疗法和特效防疫措施，最好的方法是病初用齿凿或齿剪断掉病狐狸的犬齿，同时适当应用药物进行治疗，病狐狸维持到打皮期，皮张不受损伤。药物治疗原则是镇静、消炎和外伤处理，可收到一定的疗效，但不能根治，最终要淘汰病狐狸。

## (二) 细菌性疾病

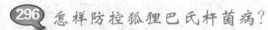 怎样防控狐狸巴氏杆菌病？

【流行特点】狐狸巴氏杆菌病是由多杀性巴氏杆菌引起的一种传染病。狐狸易感，各年龄的狐狸均可感染本病，以幼龄最为易感。患病或带菌的狐狸是主要的传染源；被巴氏杆菌污染的饮水亦能引起本病的流行；带菌的禽类进入狐狸场常常是传染本病的重要原因；该菌存在于病狐狸全身各组织中，体液、分泌物及排泄物里；健康狐狸的上呼吸道也可能带菌。可通过消化道、呼吸道，以及损伤的皮肤和黏膜而感染，如用患有巴氏杆菌病的家畜、家禽和兔肉及其副产品饲喂狐狸，经消化道感染，则本病突然发生，并很快波及大量狐狸；如经呼吸道或损伤的皮肤与黏膜感染时，则常呈散发流行。本病的发生一般无明显的季节性，以冷热交替、气候剧变、闷热、潮湿和多雨等环境剧烈变化时期发病较多；长期营养不良或患有其他疾病等都可促进本病的发生。银黑狐和北极狐多为群发，常呈地方性流行，死亡率很高。

【临床特征】潜伏期一般为1～5天，长的可达10天。临床上可以分为最急性、急性和慢性3种类型。最急性型和急性型多以败血症和出血性炎症为特征，故又称出血性败血症（彩图12-1），常呈地方性流行，一般病程为12小时至3天，个别的5～6天死亡；

慢性型的病例常表现为皮下结缔组织、关节及各脏器的化脓性病灶。本病死亡率为 30%～90%。

【诊断】根据流行病学特点，结合临床症状和病理解剖变化，可以作出初步诊断，进一步确诊须进行细菌学检查。狐狸巴氏杆菌病与副伤寒、犬瘟热、阿氏病和肉毒梭菌毒素中毒在某些方面相类似，要做好鉴别诊断。

【治疗】首先要改善饲养管理条件，从日粮中排除可疑饲料，投给新鲜易消化的饲料，以提高机体抵抗力。特效治疗方法是注射抗家畜巴氏杆菌病高度免疫的单价或多价血清，成年银黑狐皮下注射量 20～30 毫升，1～3 月龄幼狐狸 10～15 毫升。早期应用抗生素和磺胺具有很好的效果。对病狐狸和可疑病狐狸，要尽早用大剂量的青霉素 40 万～60 万单位，肌内注射每日 3 次；或用拜有利注射液（肌内注射）每日 1 次，每千克体重注射 0.05 毫升；也可用环丙沙星注射液，每千克体重肌内注射 2.5～5 毫克，每日 3 次，连续用药 3～5 天，直至把病情控制住为止。此外，大群可以投给恩诺沙星、氟哌酸、土霉素、复方新诺明、增效磺胺等，剂量和使用方法可按药品说明书使用。

【防控措施】

1）特异性预防　定期接种巴氏杆菌疫苗，1 年要多次接种。

2）平时预防　加强养狐场卫生防疫工作，改善饲养管理。①要严格检查饲料，特别是喂兔肉加工厂的下脚料，犊牛、仔猪、羔羊和禽类加工厂的下脚料，发现或疑似巴氏杆菌污染的坚决除去。②应建立健全兽医卫生制度，定期消毒，严防鸡、猪进入狐狸场。③当可疑巴氏杆菌病发生时，应及时对所有狐狸进行抗巴氏杆菌病血清接种，预防量比治疗量小一半。

3）发病后应采取的措施　要彻底清除病源。①要除去可疑肉类饲料，换以新鲜饲料。②对病狐狸和可疑病狐狸应立即隔离治疗。③对被污染的笼子和用具要严格消毒。④对死亡尸体及病狐狸粪便应进行烧毁或深埋处理。

## 297 怎样防控狐狸绿脓杆菌病?

【流行特点】狐狸假单胞菌病又称狐狸绿脓杆菌病,是由绿脓杆菌引起的一种人兽共患的急性传染病。病狐狸是主要传染源。病原随粪便或尿液排出体外,污染饲料、饮水或垫草,经消化道或呼吸道感染。狐狸常经子宫感染,发生化脓性子宫内膜炎。常因人工授精器具、手臂或狐狸阴部消毒不严而引起子宫感染。本病虽无明显的季节性,但多发生于夏秋季节(9—10月)换毛期或在狐狸人工授精的3—4月相继发病。

【临床特征】潜伏期19~48小时,长者达2~5天。狐狸感染该病常表现为子宫内膜炎,主要特征为急性死亡,死前出现呼吸困难和自鼻孔流出泡沫状液体等症状。超急性型病程几小时,急性型病程1~2天。

【诊断】根据流行特点、临床症状和剖检变化,可作出初步诊断,确诊须进行细菌学检查和生物学试验。

【治疗】一般常用氨苄青霉素,每只狐狸250万单位肌内注射,每天2次;同时,应用氧氟沙星葡萄糖注射液冲洗子宫,治疗4~7天,可收到良好效果。

【防控措施】

1)特异性预防　定期接种疫苗,可用齐鲁绿农敌-水貂出血性肺炎二价灭活苗,配种前1个月左右接种。

2)平时预防　改善饲养管理条件,增加营养,不断提高狐狸机体抵抗力;严格执行兽医卫生措施,尤其进行人工授精时要特别注意消毒,严防污染。

3)发病后应采取的措施　当发生绿脓杆菌病时,对病狐狸和假定健康狐狸分群饲养,防止再传染;全场要进行彻底清扫消毒,地面用20%石灰乳,食具清洗煮沸消毒,笼舍和小室用火焰喷灯消毒;对死亡狐狸尸体、流产胎儿、分泌物和排泄物及污染物、垫草等,应焚烧或深埋处理。从最后一例死亡时算起,再隔离2周不发生本病死亡,最后实行终末消毒后解除封锁。

**怎样防控狐狸大肠杆菌病？**

【流行特点】狐狸大肠杆菌病是由致病性大肠杆菌的某些血清型所引起的一类人狐共患传染病。各种年龄的狐狸均具有易感性，但以 10 日龄以内的银黑狐和北极狐仔狐狸最易感。1～5 日龄仔狐狸患大肠杆菌病死亡率占 50.8%，6～10 日龄占 23.8%。患病狐狸和带菌狐狸是本病的主要传染源，被污染的饲料和饮水也是本病的传染源。主要经发病狐狸的粪便污染饲槽、饲料及饮水，通过消化道感染；此外，本病常自发感染，当饲养管理条件不良使狐狸机体抵抗力下降时，肠道内正常菌群发生紊乱，大肠杆菌很快繁殖，毒力不断增强，破坏肠道进入血液循环而诱发本病。本病多发生于断奶前后的幼狐狸，多呈暴发流行，成年和老年狐狸很少发病。病的流行有一定的季节性，北方多见于 8—10 月，南方多见于 6—9 月。狐狸大肠杆菌病主要为急性或亚急性型，如不加治疗，死亡率为 20%～90%。

【临床特征】潜伏期变动很大，北极狐和银黑狐一般为 2～10天。本病以重度腹泻（彩图 12-2）和败血症及侵害呼吸系统和中枢神经系统为特点。成年狐狸患本病常引起流产和死胎。

【诊断】根据流行病学、临床症状和病理变化可作出初步诊断；确诊须进行细菌学检查。

【治疗】首先应该除去不良的饲料，改善饲养管理条件，使母狐狸及仔狐狸能够吃到新鲜、易消化、营养全价的饲料，不断提高机体的抵抗力。药物治疗时，应选择对该菌敏感的药物，如恩诺沙星、环丙沙星、庆大霉素和黄连素等药物，肌内注射，连用 3～5天。大肠杆菌的高敏药物为恩诺沙星、环丙沙星，每日 2 次，剂量为每千克体重 2.5～5 毫克。也可用拜有利注射液，每千克体重 0.05 毫升肌内注射，每日 1 次。此外，按每千克体重给仔狐狸口服链霉素 0.1～0.2 克、新霉素 0.025 克、土霉素 0.025 克或菌丝霉素 0.01 克，治疗效果显著。

【防控措施】

1）特异性预防　健康狐狸场在狐狸配种前 15～20 天内，发病狐狸场妊娠期 20～30 天内，注射家畜大肠杆菌病和副伤寒病多价福尔马林疫苗，间隔 7 天注射 2 次；健康仔狐狸可在 30 日龄起，接种上述疫苗 2 次；虚弱仔狐狸可接种 3 次；用量按疫苗出厂说明书的规定。

2）平时预防　加强饲养卫生管理，不断地改善饲养环境，除去不良饲料，使母狐狸和仔狐狸吃到新鲜、易消化、营养全价的饲料，产仔后要保持小室内的卫生与清洁，及时清理小室内的食物；在本病多发季节，应提前进行药物预防，可在母狐狸或开始采食的幼狐狸的饲料内拌入维吉尼亚霉素、氯霉素或土霉素等。

3）发病后应采取的措施　除了实行一般兽医卫生措施（隔离、消毒）外，应特别注意实行集群治疗。不仅要对发病仔狐狸进行治疗，而且要对与病狐狸同窝或被病狐狸污染的临床表现健康的仔狐狸及母狐狸进行治疗。

**299** 怎样防控狐狸沙门氏菌病？

【流行特点】沙门氏菌病又称副伤寒，是由沙门氏菌引起的人狐共患病。各年龄的银黑狐、北极狐均易感，以幼狐狸更易感。患病狐狸、带菌狐狸及被沙门氏菌污染的饲料是本病的主要传染源；曾患过沙门氏菌病的畜（禽）肉和副产品及乳、蛋也是本病的主要传染源。患病和带菌狐狸由粪便、尿、乳汁，以及流产的胎儿、胎衣和羊水排出病菌，污染饲料和饮水，狐狸食入后经消化道感染；此外，啮齿动物、禽类和蝇等也能将病原菌携带入狐狸场引起感染。本病具有明显的季节性，一般发生在 6～8 月，常呈地方性流行。病的经过为急性，主要侵害 1～2 月龄的仔狐狸。妊娠母狐狸群发生本病时，由于子宫感染，常发生大批流产，或产后 1～10 天仔狐狸发生大批死亡。本病的死亡率较高，一般可达 40%～65%。

【临床特征】潜伏期 3～20 天，平均为 14 天。本病主要特征是发热和腹泻，体重迅速减轻，脾脏显著肿大（彩图 12-3）和肝脏发生病变。根据机体抵抗力及病原毒力和数量等不同，可出现多种类型的临床症状，大致可区分为急性、亚急性和慢性 3 种。急性型病程一般短者 5～10 小时死亡，长者 2～3 天死亡；亚急性病程一般 7～14 天死亡；慢性型病程多为 3～4 周，有的可达数月之久。在配种期和妊娠期发生本病的母狐狸，出现大批空怀和流产，空怀率达 14%～20%，在产前 5～15 天流产达 10%～16%。

【诊断】根据流行特点、临床症状及病理变化，可以作出初步诊断，最终确诊须进行细菌学检查。临床上本病常与钩端螺旋体病、布鲁氏菌病、加德纳氏菌病、犬瘟热、流行性脑脊髓炎相混同，需要加以鉴别。

【治疗】大群可选用复方新诺明（每千克饲料 0.02～0.04 克）、强力霉素（每千克体重 15 毫克）、硫酸新霉素（每千克体重 10 毫克）混于饲料中喂给，连用 5～7 天。个别严重的注射氟苯尼考（每千克体重 30 毫克）、恩诺沙星（每千克体重 5 毫克）、头孢噻呋钠（每千克体重 5～10 毫克）。

【防控措施】

1）平时预防　要加强妊娠期和哺乳期母狐狸的饲养管理，特别是仔狐狸补饲期和断乳初期更应注意，保证供给新鲜、优质全价和易消化的饲料；在幼狐狸培育期，必须喂给质量好的鱼、肉饲料，畜禽的下脚料要经无害化处理后再喂，腐败变质的饲料不要喂。要定期消毒食盆、食碗，要注意保持小室内的清洁卫生，及时清除粪便。饲料更换应逐渐进行，加工要严格细致。

2）发病后应采取的措施　①禁喂具有传染性的肉、蛋、乳类等，对病狐狸污染的笼子和用具要进行消毒，严格控制耐过副伤寒的带菌毛皮动物或病犬进入饲养场，注意灭鼠、灭蝇及其他传染媒介；在发病期，禁止狐狸任何调动，不得称重和打号；治愈的狐狸应一直隔离饲养到打皮为止。②将患病或疑似患病的狐狸隔离观察和治疗，指派专人管理，禁止管理病狐狸的人员进入安全饲养群中。③病死狐狸尸体要深埋或烧掉，以防人狐感染。

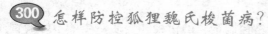 300 怎样防控狐狸魏氏梭菌病？

【流行特点】魏氏梭菌病又称肠毒血症，是由魏氏梭菌引起的

一种急性中毒性传染病。狐狸易感，仔狐狸最易感，成年狐狸少发。被魏氏梭菌污染的鱼、肉类饲料是本病的主要传染源；患病狐狸和带菌狐狸由粪便向体外排出病原体。狐狸吞食本菌污染的肉类饲料或饮水经消化道感染。此外，饲养管理不当、饲料突然更换、气候骤变、蛋白过量、粗纤维过低等，可造成胃肠正常菌群失调，肠道内 A 型魏氏梭菌迅速繁殖，产生毒素，引起发病。本病一年四季均可发生；流行初期，个别散发流行，出现死亡。病原菌随着粪便排出体外，毒力不断增强，传染不断扩散，1～2 个月或更短的时间内，传染大批狐狸。发病率 10% ～ 30%，病死率90%～100%。

【临床特征】潜伏期 12～24 小时。其临床主要特征是急性下痢，排黑色黏性粪便，腹部膨大，胃肠严重出血和肾脏软，在 2～3 天内死亡。超急性病例不见任何症状。病理特征表现为胃黏膜有黑色溃疡（彩图 12-4）和盲肠浆膜面有芝麻粒大小的出血斑。

【诊断】根据流行病学特点、临床症状和病理剖检变化，可作出初步诊断，最有诊断价值的剖检变化是胃黏膜上的弥漫性圆形的溃疡病灶和盲肠壁浆膜下的芝麻粒大小的出血斑点。但最后确诊须进行细菌学检查和毒素测定。

【治疗】立即停止饲喂不洁的变质饲料。一般用抗生素、磺胺类和喹诺酮类药物肌内注射或预防性投药。如新霉素、土霉素、黄连素、氟哌酸等药物，每千克体重按 10 毫克投于饲料中喂给，早、晚各 1 次，连用 4～5 天。肌内注射庆大霉素，每千克体重 2～5 毫克，或恩诺沙星 3～5 毫克，1 天 1～2 次，连用 3～5 天。为了促进食欲，每天还可肌内注射维生素 $B_1$ 或复合维生素 B 注射液和维生素 C 注射液各 1～2 毫升，重症者可皮下或腹腔补液，注射 5% 葡萄糖盐水10～20 毫升，背侧皮下可多点注射，也可腹腔 1 次注入。

【防控措施】

1）平时预防　要严格控制饲料的污染和变质，质量不好的饲料不能饲喂狐狸；日常饲养中可全年在饲料中拌入弗吉尼亚霉素

20～30 毫克/千克，以有效防止本病的发生。

2）发病后应采取的措施　应将病狐狸和可疑病狐狸及时隔离饲养。病狐狸污染的笼舍，用 1％～2％苛性钠溶液或火焰消毒，粪便和污物堆放指定地点进行发酵；地面用 10％～20％新鲜的漂白粉溶液喷洒后，挖去表土，换上新土。

### 301 怎样防控狐狸阴道加德纳氏菌病？

【流行特点】本病是由加德纳氏菌引起的人、狐共患的细菌性传染病。不同品种、不同年龄及不同性别的狐狸均可感染，感染率北极狐高于银黑狐、赤狐及彩狐，母狐狸明显高于公狐狸，成年狐狸高于青年狐狸；病狐狸和患有该病的动物是主要的传染源，该菌也能感染人，人与狐狸间能互相感染；本病主要是经生殖道或外伤传染。怀孕狐狸可直接感染给胎儿，所以发病有明显的季节性，即在狐狸繁殖期。养狐狸场狐狸阳性率为 0.9％～21.9％，个别的高达 75％以上，空怀率 3.2％～47.5％，流产率 1.59％～14.7％。在我国各养狐狸场狐狸流产、空怀的有 45％～70％是感染阴道加德纳氏菌所致。

【临床特征】主要侵害泌尿生殖系统。病狐狸表现繁殖障碍，妊娠中断、流产、死胎，仔狐狸发育不良，产仔率下降和生殖器官炎症。公狐狸经与母狐狸交配后也可感染该病，发生包皮炎、前列腺炎、睾丸炎，使公狐狸性欲降低、出现死精和精子畸形等，也常出现血尿。

【诊断】在排除引起妊娠中断的其他疾病和原因，如饲料质量不佳、不全价、环境不安静、管理不善等非传染性因素后，根据临床症状和流行特点可以初步怀疑是阴道加德纳氏菌病。最终确诊须进行细菌学和血清学试验。

【治疗】对血检阳性病狐狸和流产病狐狸及早进行治疗是可以治愈的。该菌对氨苄青霉素、红霉素、庆大霉素和氯霉素敏感，临床治疗效果可靠。实践证明，用红霉素进行 7～10 天的治疗，每日口服2次，每次 0.1～0.2 克，治愈率可达 95％以上。为了促进病狐狸的食欲，可以肌内注射复合维生素 B 注射液或维生素 $B_1$ 注射液 $1\sim2$ 毫升，每日 1 次。

【防控措施】

1）特异性预防　疫苗接种是防治本病的有效措施，狐狸阴道加德纳氏菌灭活疫苗每年注射 2 次，但初次使用疫苗前，最好进行全群检疫，对检疫阴性的狐狸立即接种疫苗，对检出阳性病狐狸有种用价值的先用药物治疗后 1.5 个月再进行疫苗接种。

2）平时预防　要加强养殖场的卫生防疫工作，对流产的胎儿与病狐狸的排泄物和分泌物及时消毒处理，不要用手触摸，笼网用火焰消毒，地面夏季用 10％生石灰乳消毒，冬季用生石灰粉撒布。对新引进的种狐狸要检疫，进场后要隔离观察 $7\sim15$ 天方可混入大群。

### 302 怎样防控狐狸布鲁氏菌病？

【流行特点】布鲁氏菌病是由布鲁氏菌引起的人狐共患的一种慢性传染病。所有家畜和毛皮动物均易感；人对布鲁氏菌也很敏感；幼龄狐狸对本病有一定抵抗力，性成熟的狐狸最易感。发病和带菌的狐狸是本病的传染源，最危险的是受感染的妊娠母狐狸，在分娩和流产时，大量布鲁氏菌随着胎儿、胎水和胎衣排出，流产后的阴道分泌物及乳汁中都含有布鲁氏菌；有时随粪尿也可排菌。狐狸主要是食入被病原菌污染的饲料（动物的肉、乳及其副产品）和饮水经消化道而感染；其次是通过破损的皮肤和黏膜而感染；发病狐狸的精液中有大量病原菌存在，也可经交配引起感染；吸血昆虫（如蜱）可通过叮咬而传播本病。本病以产仔季节较为多见。

【临床特征】潜伏期长短不一，短的 2 周，长的可达半年。本病主要侵害母狐狸，使妊娠母狐狸发生流产（彩图 12-5）和产后不育，以及新生仔狐狸死亡；大多数呈隐性感染，少数表现出全身症状；有的仅出现化脓性结膜炎（$7\sim10$ 天自愈），经 $1\sim1.5$ 周不治而愈。公狐狸可发生睾丸炎、附睾炎、精子活力降低、死精、精子畸形，并失去配种能力。

【诊断】根据流行病学和临床症状可作出初步诊断，最终诊断要靠细菌学及血清学检查。布鲁氏菌病与副伤寒相类似，但根据细菌学检查即可鉴别。

【治疗】狐狸患布鲁氏菌病后，一般无治疗价值，隔离饲养到取皮期，淘汰取皮。若治疗，可选用四环素类、磺胺类及利福平。

【防控措施】

1）平时预防　应加强肉类饲料的管理，对可疑的肉类及下脚料（牛、羊）要高温处理，特别是用羔羊类的尸体作饲料的一定要注意人、狐的安全。引入种狐狸时，只有布鲁氏菌凝集试验阴性者方可引入并要隔离观察1个月，在1个月内进行3次布鲁氏菌的检疫，结果均为阴性者才能解除隔离。本病能传染给人，故应特别注意。因此，对工作人员必要时要实行预防措施，进行布鲁氏菌疫苗接种。

2）发病后应采取的措施　污染狐狸场应通过定期检疫可疑狐狸群，扑杀阳性个体达到目的。同时，对病狐狸污染的笼子可用1%～3%石炭酸或来苏儿溶液消毒，用5%新石灰乳处理地面，工作服用2%苏打溶液煮沸或用1‰氯亚明溶液浸泡3小时。

## 303 怎样防控狐狸恶性水肿？

【流行特点】恶性水肿是由梭状芽孢杆菌属多种厌氧性病原梭菌引起的狐狸的一种急性、非接触性、创伤性传染病。无论成年狐狸或幼狐狸均易感；主要经伤口感染，凡机体皮肤受到破坏时都能感染，如狐狸互相咬掉耳、尾及皮肤，笼网造成的皮肤和口腔黏膜损伤等，特别是肌肉深部的创伤更危险。本病呈散发型，发病率低而死亡率高。

【临床特征】感染后12～18小时出现临床症状，其特征为患部炎性水肿，压之有捻发音，病程发展迅速，发病组织出血，产生大量气体，局部组织坏死，切开皮肤皮下组织，肌肉呈血样浸润和被气体分层，从创部流出红褐色带气泡的液体。

【诊断】根据典型临床症状和特征性病理变化，多数病例可以确诊。有些病例需与炭疽相鉴别。

【治疗】应立即用手术的办法切除坏死病灶，使水肿液排出通畅，术部填入浸以高锰酸钾和双氧水等强氧化剂的纱布。全身疗法可应用抗生素（青霉素、氨苄西林）和磺胺类药物、环丙沙星等进行治疗。

【防控措施】

1）平时预防　应防止狐狸的外伤，特别注意笼网壁不能有铁丝头，小室不要有尖向外的钉子和其他尖锐物。加强狐狸群管理，防止相互之间的咬伤。

2）发病后应采取的措施　立即隔离治疗，同时进行消毒，特别注意铲除地面25～30厘米土层，用消毒药彻底消毒，再垫上混合漂白粉的土壤。

### 304 怎样防控狐狸链球菌病？

【流行特点】链球菌病是由β型溶血性链球菌引起的一种急性败血性传染病。银黑狐、北极狐易感，幼龄狐狸更易感，人也感染。发病狐狸和带菌狐狸是主要传染源。病菌随分泌物、排泄物排出体外。狐狸主要因食入被β型溶血性链球菌污染的肉类饲料和饮水而经消化道感染，也可通过污染的垫草、饲养用具而传播；此外，当口腔、咽喉、食道黏膜及皮肤有损伤时，亦可感染。本病多散发，常在仔狐狸出生5～6周后开始发病，7～8周达到高峰，成年狐狸很少发病；病的分布很广，发病率及致死率很高，对养狐狸业危害很大。

【临床特征】潜伏期长达6～16天。本病临床表现多种多样，主要表现有：①急性败血症型。病狐狸突然拒食，精神沉郁，不愿活动，步履蹒跚，呼吸急促而浅表，一般出现症状后24小时死亡。②关节型。多见于银黑狐，常发生一肢或多肢关节肿胀、溃烂、化脓。急性败血型不经治疗100％转归死亡；关节型预后良好。

【诊断】根据临床症状和病理变化不能作出诊断，但关节脓肿型和头、颈脓肿型较易诊断。最后确诊必须进行细菌学检查。

【治疗】可以选择口服青霉素、红霉素、氟苯尼考、四环素（每千克体重 10～20 毫克）、恩诺沙星（每千克体重 5 毫克）等敏感药物拌料预防、治疗。个别病例可用头孢喹肟（每千克体重 2 毫克）、头孢噻呋（每千克体重 5 毫克）、卡那霉素肌内注射，同时可用多种维生素、葡萄糖维生素 C 饮水，连续给药 3～5 天。

【防控措施】

1）平时预防　对来源不清或污染的饲料要经高温处理（煮沸）再喂狐狸；有化脓性病变的动物内脏或肉类应废弃不用。来源于污染地区的垫草不用；有芒或有硬刺的垫草最好也不用。狐狸群可以采取预防性投药，在饲料中加入预防量的土霉素粉或氟哌酸之类的药物，增效磺胺也可以。

2）发病后应采取的措施　对发病狐狸立即隔离，对污染的笼舍、食具和地面等进行消毒，清除小室内垫草和粪便，进行烧毁或发酵处理。对死亡的狐狸应深埋。

## 305 怎样防控狐狸双球菌病？

【流行特点】双球菌病又称双球菌败血症，是由黏液双球菌（典型的肺炎双球菌）引起的狐狸的一种急性传染病。不同品种、年龄、性别的狐狸均有易感性。带菌狐狸、死亡于本病的家畜肉类饲料及患有本病的家畜的乳是传染的主要来源；狐狸因食入病畜肉、奶及其内脏而经消化道感染；也可经呼吸道吸入污染的空气感染；或通过胎盘感染。本病无季节性。幼龄狐狸多在饲养条件不好、抵抗力下降的情况下突然发病，常呈暴发流行；成年狐狸多在妊娠期发病。发病率和死亡率都很高（达 67.4％），给养狐业带来重大的经济损失。

【临床特征】潜伏期 2～6 天。北极狐发生本病时，表现精神高度沉郁；妊娠母狐狸易发生空怀、流产，或产下发育不良、干枯或湿软的死胎。本病多为急性或亚急性经过。预后好坏取决于治疗的早晚，凡能及时治疗的多转归良好，而不能及早治疗者预后可疑。

【诊断】根据流行病学、临床症状和病理变化可以怀疑本病。

但只有进行细菌学检查才能最后确诊。

【治疗】特异性治疗可用犊牛或羔羊抗双球菌高免血清，每只病狐狸皮下注射 5～10 毫升，每天 1 次，连续注射 2～3 天即可痊愈。同时配合抗生素及磺胺类药物进行治疗。还应加强对症治疗，强心、缓解呼吸困难，可肌内注射 10% 樟脑磺酸钠注射液，每只 0.3～0.4 毫升。为促进食欲，每日肌内注射维生素 $B_1$ 注射液、维生素 C 注射液等，每日每只各注射 1～1.5 毫升。

【防控措施】①目前没有特异性预防方法。②平时预防。为提高狐狸的抵抗力，饲料内要增加鲜鱼等全价的动物性饲料和维生素饲料。③发病后，首先要切断传染源，从日粮中排除（或予以蒸煮）被双球菌污染的饲料，如奶和奶制品，屠宰的犊牛、羔羊及其他肉和副产品；并及时隔离病狐狸和可疑病狐狸，进行对症治疗；同时用火焰喷灯或 3% 福尔马林溶液、5% 克辽林溶液对病狐狸污染的笼舍进行消毒。

**306** 怎样防控狐狸钩端螺旋体病？

【流行特点】钩端螺旋体病又称细螺旋体病、传染性黄疸、血色素尿症，是由钩端螺旋体引起的人、狐共患的传染病。不同年龄和性别的银黑狐和北极狐均易感，但以 3～6 个月龄幼狐狸最易感，发病率和死亡率也最高。病狐狸和带菌狐狸是本病的主要传染源，如各种啮齿动物，特别是鼠类带菌时间长；家畜也是重要的传染源，特别是猪最为危险；患病及带菌动物主要由尿排菌污染低湿地而成为危险的疫源地。狐狸因食入被污染的饲料和饮水，或直接食入患本病的家畜内脏器官经消化道感染而引起地方性流行；本菌可以通过健康或受损伤的皮肤、黏膜、生殖道感染，带菌的吸血昆虫如蚊、虻、蜱、蝇等亦可传播本病；人、狐、畜、鼠类的钩端螺旋体病可以相互传染，构成复杂的传染链。本病虽然一年四季都可发生，但以夏、秋季节多发，其中以 6—9 月最多发。雨水多且吸血昆虫较多时，本病多发。本病的特点为间隔一定的时间成群地暴发，本病任何时候也不波及整个狐狸群，仅在个别年龄狐狸群中流行。

【临床特征】潜伏期 2～12 天，临床表现和病理变化多种多样，主要症状有短期发热、黄疸、血红蛋白尿、出血性素质、水肿、妊娠母狐流产、空怀等。急性病例 2～3 天死亡。

【诊断】根据流行病学、临床症状及病理变化可作出初步诊断，确诊须进行实验室检查。银黑狐和北极狐钩端螺旋体病与沙门氏菌病、巴氏杆菌病有很多相似之处，应加以区别。

【治疗】发病早期大剂量地用各种抗生素如青霉素、链霉素、金霉素、土霉素，治愈率达 85％。轻症病狐狸，可用 80 万～100 万单位青霉素或链霉素分 3 次肌内注射，连续治疗 2～3 天；重症的连续治疗 5～7 天。同时，配合维生素 $B_1$ 和维生素 C 注射液各 1～2 毫升，分别肌内注射，每天 1 次。

【防控措施】

1）平时预防　除了实行一般卫生防疫措施外，应特别注意检查所有肉类饲料，发现有本病可疑症状（黄疸、黏膜坏死和血尿）的动物及其副产品，必须经煮熟后饲喂。场内一定要挖好排水沟，不能过于潮湿和积水。要重视灭鼠，防止啮齿动物污染饲料和饮水。

2）发病后应采取的措施　应立即隔离病狐狸和可疑病狐狸于单独隔离区内饲养和治疗，到打皮时淘汰，不得中途再放进狐狸场，并彻底对被污染的环境进行消毒。

**307** 怎样防控狐狸秃毛癣？

【流行特点】秃毛癣又称皮肤霉菌病，是由皮霉菌类真菌引起的一种皮肤传染病。北极狐、银黑狐易感，幼狐狸易感性强，人也感染。病狐狸是主要传染源，患病狐狸病变部分脱落的毛和皮屑含有病原菌丝和孢子，不断污染环境，病原体可依附在植物或其他动物身上，或生存在土壤中。本病主要通过狐狸直接接触或间接经护理用具（扫帚、刮具）、垫草、工作服、小室等而发生传染；患发癣病的人也可能携带病原到狐狸场；啮齿动物和吸血昆虫可能是病原体的来源和传染媒介。本病一年四季都发生，在炎热潮湿的季节多发，以幼狐狸发病率较高。本病开始出现在一个饲养班组的狐狸群中，病狐狸毛和绒毛由风散布迅速感染全场。常呈地方性暴发，使毛皮质量下降。

【临床特征】潜伏期 8～30 天。特征是在皮肤上出现圆形秃斑，覆盖以外壳、痂皮及稀疏折断的被毛。

【诊断】根据临床症状和真菌检查可以进行确诊。狐狸秃毛癣与维生素缺乏症，特别是 B 族维生素缺乏症有某些类似之处，应加以鉴别。

【治疗】将病狐狸局部残存的被毛、鳞屑、痂皮剪除，用肥皂水洗净，涂以克霉唑软膏或益康唑软膏、癣净等药物。在局部治疗的同时，可内服灰黄霉素，每日每千克体重 25～30 毫克，连服3～5 周，直到痊愈。

【防控措施】

1）平时预防　加强养狐狸场内和笼舍内的卫生，饲养人员注意自身的防护，防止感染。患皮肤真菌病的人不要与狐狸接触。

2）发病后应采取的措施　应隔离治疗。病狐狸的笼具可用5％石炭酸热溶液（50℃）或 5％克辽林热溶液（60℃）消毒。

# （三）中毒性疾病

**308** 怎样防控狐狸肉毒梭菌毒素中毒？

【病因】肉毒梭菌毒素中毒是由于狐狸食入肉毒梭菌毒素而引起的一种急性中毒性疾病。肉毒梭菌广泛分布于土壤、湖、塘等水体及其底部泥床，动物尸体，饲料等中。狐狸主要是因食入被肉毒梭菌毒素污染的肉和鱼等经胃肠吸收而引起中毒。本病没有年龄和性别区别，一年四季均可发生，但以夏秋季节多发，常呈群发；病程 3～5 天，个别的有 7～8 天。本病突然发生，其严重性和延续时间取决于狐狸食入的毒素量。死亡率高达 100％。

【临床特征】本病的特征是运动神经麻痹。银黑狐主要表现运动神经麻痹症状，心跳加快达 82 次/分钟，重症者心跳缓慢而无力，最后死于呼吸困难、乏氧。

【诊断】根据食后 8～12 小时突然全群性发病，且多为发育良好、食欲旺盛的狐狸发病，临床上出现典型的麻痹症状，并大批死亡，而剖检又无明显的病理变化，即可怀疑是肉毒梭菌毒素中毒。确诊须采集可疑饲料或胃内容物进行毒性试验。

【治疗】首先停喂可疑饲料，然后投给大量葡萄糖水和比平时增加 1～2 倍量的维生素 C，同时投给生物脱霉剂；尽量不要用抗生素等药物治疗。

【防控措施】控制狐狸食入含有肉毒梭菌毒素的饲料是预防本病的根本办法。所以要注意饲料卫生检查，腐败变质的动物肉或尸体不能饲喂；不明原因死亡的动物肉或尸体最好不用，特别是死亡时间比较长的尸体最危险，如果实在要用，一定要经高温煮熟后再用。在经常发生本病的地区，狐狸群可以注射肉毒梭菌疫苗，一次接种免疫期可达 3 年之久。

## 309 怎样防控狐狸霉玉米中毒？

【病因】霉玉米中毒是狐狸采食了被黄曲霉或寄生曲霉污染并产生黄曲霉毒素的饲料后引起的一种急性或慢性中毒。玉米、花生等植物种子及副产品是真菌生长发育的良好培养基。由于收获不当或贮存不注意，很易被黄曲霉和寄生曲霉寄生而发霉变质，产生黄曲霉毒素。狐狸对霉变饲料都很敏感，所以当食入被黄曲霉菌和寄生曲霉菌污染的发霉变质饲料后，就会引起黄曲霉毒素中毒。

【临床特征】急性病例，在临床上看不到明显症状就死亡。临床上多呈慢性经过，到病的后期才表现出临床症状，如食欲减退、呕吐、腹泻、精神沉郁、抽搐、震颤、口吐白沫、角弓反张、癫痫性发作等，在停食后经过 1～2 天即很快死亡。

【诊断】根据饲喂含黄曲霉毒素的饲料后，在同一时间内，多数狐狸发病或死亡，慢性病例出现食欲不佳、剩食、腹泻及病理剖检变化等即可作出初步诊断。确诊须对饲料样品进行检验，证明饲料内有黄曲霉毒素存在。

【治疗】首先立即停喂可疑饲料，在饲料中加喂蔗糖、葡萄糖或绿豆水；发病严重者可静脉或腹腔注射等渗葡萄糖注射液（5%葡萄糖）；同时，肌内注射维生素 C、维生素 $B_1$ 和维生素 K 注射液，各1~2毫升，防止内出血和促进食欲。

**310** 怎样防控狐狸食盐中毒？

【病因】由于日粮食盐给量计算错误，或日粮内加食盐不用衡器称量而凭经验估计导致加量错误，或饲料中食盐调制不均匀及饲喂未经浸泡盐分过高的咸鱼等均可使日粮中食盐过量，特别是当狐狸饮水不足的情况下，都能造成食盐中毒。北极狐对食盐中毒最敏感。

【临床特征】狐狸表现口渴、兴奋不安、呕吐，从口鼻中流出泡沫样黏液，呈急性胃肠炎症状，癫痫性发作，嘶哑尖叫，于昏迷状态下死亡。

【治疗】首先立即停喂含盐的饲料，增加饮水，但要有限制地不间断性地少量多次给水。病狐狸不能主动自饮的，可用胃管给水或腹腔注射5%葡萄糖注射液10~20毫升；为了维持心脏功能，可注射强心剂，皮下注射10%~20%樟脑油0.5~1毫升；为缓解脑水肿，降低颅内压，可静脉注射25%山梨醇溶液或高渗葡萄糖溶液。

【防控措施】要严格按标准给狐狸饲料中加食盐，并必须按规定量向日粮内加入食盐，同时要搅拌均匀；利用咸鱼喂狐狸时，一定要脱盐充分。在任何季节都要保证狐狸有充足饮水。

**311** 怎样防控狐狸新洁尔灭中毒？

【病因】新洁尔灭是一种阳离子表面活性剂，常以0.01%~0.1%浓度作为外科手术时浸泡手臂、器械等，或冲洗用。如用高浓度的新洁尔灭大面积体表消毒、创伤冲洗等，可招致吸收中毒，也会因狐狸误饮新洁尔灭而中毒。

【临床特征】患病狐狸表现不安、呼吸困难、可视黏膜发绀、胃肠痉挛、肌肉无力、不能站立。严重时出现心力衰竭、休克。

【治疗】经口摄入时，早期进行催吐或用肥皂水洗胃，也可投服牛奶、蛋白水等。由皮肤吸收中毒时，应用肥皂水洗刷体表，同时采取对症治疗，强心、解毒，静脉注射5％～10％葡萄糖注射液30～50毫升。

### 312 怎样防控狐狸伊维菌素和阿维菌素中毒？

【病因】伊维菌素和阿维菌素是一类新型广谱高效的大环内酯类杀螨药物。在用药剂量下（每千克体重0.2～0.3毫克或0.02～0.03毫升），对体重较小的幼狐狸，在生产中很难准确把握有效的治疗剂量，因此，临床上常因超量应用而中毒的病例较为多见。

【临床特征】超量应用注射3～4小时后，狐狸即表现步态不稳，8～12小时后卧地不起，四肢肌肉松弛、无力、呈游泳状运动，腹胀，食欲废绝，头部出现不自主颤抖，呼吸加快，心音减弱。中毒严重者，在24～36小时内死亡；中毒较轻者，症状可逐渐减轻，肌肉张力逐渐恢复，精神逐渐好转而康复。

【诊断】根据临床症状和用药情况可以确诊。

【治疗】目前尚无特效解毒药，以补液、强心、利尿为治疗原则。可用下列药物治疗：10％葡萄糖注射液50～100毫升，地塞米松2.5～5毫克，维生素C 3～5毫升，5％碳酸氢钠20～30毫升，混合后静脉注射。同时喂给充足的饮水，以促进毒物排除。

### 313 怎样防控狐狸磺胺类药物中毒？

【病因】磺胺类药物是广谱抑菌制剂，为临床常用的药物。如用药不当或用量过大，或长期用药产生蓄积作用，可致狐狸中毒。磺胺类药物如进入胎儿体内，可造成死胎、流产。

【临床特征】用量过大会引起急性中毒，表现为中枢神经系统兴奋，感觉过敏、昏迷、厌食、呕吐、腹泻等。若狐狸长期服用磺胺类药物（1周以上），呈慢性中毒，则会出现泌尿系统损害，常见结晶尿、血尿、蛋白尿以至尿闭，消化紊乱，食欲不振、呕吐、便秘、腹泻等。有的可见白细胞缺乏或溶血性贫血。

【治疗】出现中毒症状，应立即停药，改用其他抗菌药物。同时口服3％碳酸氢钠溶液，以促进药物排除；或静脉注射5％碳酸氢钠注射液，狐狸20～30毫升，以保护肾脏不受损害；亦可注射复方氯化钠注射液，5％葡萄糖注射液，以利强心解毒。

## （四）寄生虫病

### 314 什么是寄生虫和寄生虫病？

暂时或永久地生活在某一种生物的体内或体表，并以其组织、体液等作为营养的寄生者称寄生物。寄生物可以是植物或动物，动物性寄生物便称为"寄生虫"。由于寄生虫的侵害而造成被寄生者发生的疾病，称为寄生虫病。

### 315 防控寄生虫病的措施有哪些？

防治寄生虫病，同样要贯彻"预防为主，防重于治"的原则。具体应采取综合性的防治措施：①应设法消灭寄生在动物体内或体表的寄生虫，以防病原散布到外界。选择最佳的抗寄生虫药物，经常或定期驱虫，使已感染的寄生虫不能发育或被杀死。②消灭外界环境中的虫体和虫卵。常用的方法是粪便生物除虫。很多寄生虫病的感染是来自被污染的水、饲料等，所以搞好环境卫生对控制传播有重要意义。应用可疑患寄生虫病的肉食饲料和副产品时，应经高温处理后再利用。

### 316 怎样防控狐狸附红细胞体病？

【流行特点】附红细胞体病是由附红细胞体（简称附红体）寄生于狐狸红细胞表面或血浆中而引起的一种人、狐共患寄生虫病。本病一年四季均可发病，但在夏、秋季节（7—9月）多发。吸血昆虫是传播媒介，蚊、蝇及吸血昆虫叮咬可以造成本病的传播；此外，消毒不严格的注射针头传播严重。许多成年狐狸是带虫而不发病，但在应激因素作用下发病。

【临床特征】潜伏期6～10天，有的长达40天。本病多为隐性感染，在急性发作期出现黄疸、贫血、发热等症状。

【诊断】根据流行病学特点、临床症状及病理变化可作出初步诊断。血片检查找到虫体，即可确诊。

【治疗】用咪唑苯脲每千克体重1～1.5毫克，肌内注射，1天1次，连用3天，效果较好；也可用盐酸土霉素注射液治疗，每千克体重15毫克肌内注射；或血虫净每千克体重3～5毫克用生理盐水稀释深部肌内注射；同时可以注射复合维生素B、维生素C及铁制剂。另外，附红细胞体对土霉素、庆大霉素、喹诺酮、通灭等药物也敏感。

【防控措施】加强饲养管理，搞好卫生，消灭场地周围的杂草和水坑，以防蚊、蝇滋生传播本病。减少不应有的意外刺激，避免应激反应。大群注射疫苗时，要注意针头的消毒，做到一狐狸一针，严禁一针多用。平时应进行全群预防性投药，可用强力霉素粉，剂量每千克体重7～10毫克，拌料喂5～7天；也可用土霉素、四环素拌料。

## 317 怎样防控狐狸疥螨病？

【流行特点】疥螨病又称螨虫病，由于螨虫寄生在狐狸的体表而引起的接触性传染性皮肤病。病狐狸是主要传染源，健康狐狸与病狐狸直接接触（密集饲养、配种等），与被病狐狸污染的物体、工作服和手套等接触也可以发生传染。此外，寄生于各种动物和人的疥螨可以相互感染；蝇可把疥螨携带到狐狸场；将被患疥螨病的老鼠污染的草用来作狐狸的垫草可以感染；犬和猫可把疥螨带入狐狸场。

【临床特征】伴有剧烈瘙痒和湿疹样变化，病变多在面部、背部、腹部、四肢、爪背面发生，形状不规则；病变部位首先掉毛，皮肤增厚，出现红斑，破溃后形成痂皮，病狐狸常用爪激烈抓挠病变部位，在秃毛部肥厚的皮肤上出现出血性龟裂和搔伤。

【诊断】根据瘙痒和皮肤变化，可作出初步诊断，再结合虫体检查发现螨虫即可确诊。

【治疗】将患部及其周围剪毛，除去污垢和痂皮，以温肥皂水或0.2%温来苏儿水洗刷，然后进行药物治疗。杀螨药常用特效杀虫剂1%伊维菌素或阿维菌素注射液，剂量为每千克体重0.3毫克，皮下注射，7～10天后再注射1次，一般经2次注射即可治愈。杀螨虫药还有通灭、害获灭，每只狐狸用0.7～1毫升，每隔7～10天用药1次，连用3次，即可治愈。用0.5%敌百虫溶液喷洒笼舍或用火焰喷灯对笼子进行杀螨。

【防控措施】当狐狸场发生疥螨病时，要进行逐只检查，立即把病狐狸转入隔离室内饲养、治疗；对病狐狸住过的笼子用2%～3%热克辽林或来苏儿水溶液消毒；同时对狐狸场进行一次机械清理和消毒。为预防疥螨被带入，严禁将野外捕获的野生毛皮动物及犬、猫等带进狐狸场，定期灭鼠，新引进的狐狸应进行螨虫检疫。饲养人员与疥螨病狐狸接触时，应严格遵守个人预防规则，不允许患疥螨病的人饲养狐狸。

### 318 怎样防控狐狸毛虱病？

【流行特点】狐狸毛虱病是血虱科的犬血虱寄生于狐狸体表，并以吸取血液为主的一种外寄生虫病。血虱终生不离狐狸身体。成年狐狸和母狐狸体表的各阶段虱均是传染源，通过直接接触传播，尤其在场地狭窄、狐狸密集拥挤、管理不良时最易感染，也可通过垫草、用具等间接感染。一年四季都可感染，但以寒冷季节感染严重。大小狐狸都有不同程度的寄生，诱发皮肤病，使狐狸特别是仔狐狸的生长受到一定影响。

【临床特征】在狐狸腋下、大腿内侧、耳壳后最多见，患病狐狸时常摩擦，不安，食欲减退，营养不良和消瘦，尤以分窝前仔狐狸更严重。损伤皮肤感染环境中致病菌则引发狐狸皮肤病。

【诊断】检查狐狸体表，尤其是耳壳后、腋下、大腿内侧等部位皮肤和近毛根处，找到虫体或虫卵则可确诊。

【治疗】

1）涂药疗法　适用于患部面积较小和天气较冷的季节。先将患部及周围被毛剪掉，用温肥皂水刷洗，除去硬痂和污物，然后用新洁尔灭溶液刷洗，擦干后涂硫黄甘油、碘甘油。也可将敌百虫粉5克溶于95毫升的温水中，然后进行涂擦。必须涂擦2～3次，每次间隔5天，以杀死成虫和新孵出的幼虫，达到彻底灭虫的目的。处理时，要注意把用具、场地进行彻底消毒，防止病原扩散。

2）药浴疗法　主要用于患部面积大且在温暖的季节时，可用2%的敌百虫溶液、2%的氯磷定水溶液、50毫克/升的溴氰菊酯溶液或1%克辽林水乳剂等进行药浴。①可利用桶、盆等容器进行，药液量以能完全浸泡狐狸整个身体为度（大约3万毫升），溶液温度不能低于30℃，否则影响药效。大批应用前，要先进行小群安全试验。②药浴时要注意选择在晴天和无风天气进行；药浴前让药浴个体充分饮水，药浴时间为2～3分钟，同时清除结痂；处理头部时，应闭锁鼻孔和口，浸入浴盆2～3秒，经7～8天可再进行1次。一旦发现中毒（精神不佳、口吐白沫），可皮下注射1%的硫酸阿托品水溶液（每千克体重0.3毫升）或氯磷定（每千克体重0.3～0.4毫升），同时注意工作人员的安全。

【防控措施】①保持养狐狸场环境卫生并定期进行灭鼠。②当狐狸出现有擦痒、皮肤病变（秃毛、抓伤、皮肤炎症及其他异常）时，应及时进行体表寄生虫检查。③对病狐狸的笼具用2%～3%的来苏儿水溶液消毒或火焰消毒。

### 319 怎样防控狐狸蛔虫病？

【流行特点】蛔虫病是狐狸常见的一种线虫病，主要感染幼龄狐狸。配种前母狐狸驱虫不彻底，母狐狸体内成虫产生的卵由母体的胎盘进入胎儿体内，胎儿在出生时已感染，然后发育成成虫。驱虫后粪便未能及时清除、堆积发酵消灭虫卵，饲料或者饮水被含虫卵的粪便污染，狐狸感染发病。狐狸接触地面食入虫卵而感染。新生仔狐狸也可通过吸吮初乳而引起感染。

【临床特征】很少引起狐狸死亡，主要表现可视黏膜苍白，消瘦，贫血，异嗜，生长发育不良，被毛逆立，后期可见腹部膨大，腹泻后便秘。个别病例呕吐，呕吐物有蛔虫虫体。

【诊断】从狐狸粪便中见到成虫或者查出虫卵，或者剖检中发现成虫即可确诊。

【治疗】大群用驱虫药如左旋咪唑（每千克体重8～10毫克，每日1次）、丙硫苯咪唑（每千克体重50毫克，每日1次）、阿苯达唑（每千克体重5～20毫克，每日1次）、芬苯达唑（每千克体重3～20毫克，每日1次）、阿维菌素/伊维菌素（每千克体重0.3毫克）拌料，也可用伊维菌素/阿维菌素1％注射液（每千克体重0.03毫升）皮下注射。

【防控措施】①注意饲料及饮水卫生，蔬菜及瓜果生喂必须洗净，防止食入蛔虫卵，减少感染机会。②及时清理粪便，特别是驱虫后更要集中清理，然后堆积密封发酵，粪堆内温度很高，可以杀死蛔虫卵。③定期进行驱虫预防，常用驱虫药有阿维菌素、伊维菌素、芬苯达唑、左旋咪唑等，可选择轮换用药保证良好驱虫效果；驱虫时间宜在冬季母狐狸配种前，仔狐狸可满月后采用群体服药，间隔1个月再驱虫一次。由于存在再感染的可能，所以最好每隔3～4个月驱虫一次。

**320** 怎样防控狐狸弓形虫病？

【流行特点】弓形虫病是由龚地弓形虫引起的人狐共患的寄生虫病。银黑狐和北极狐因食入被猫粪便污染的食物或含有弓形虫速殖子或包囊内的中间宿主的肉、内脏、渗出物、分泌物和乳汁而被感染。速殖子还可以通过皮肤、黏膜而感染，也可通过胎盘感染胎儿。

本病没有严格的季节性，但以秋、冬和早春发病率最高，可能与寒冷、妊娠等导致机体抵抗力下降有关。猫在7—12月排出卵囊较多。此外，温暖、潮湿地区感染率较高；银黑狐和北极狐为10％～20％。

【临床特征】潜伏期一般 7～10 天，也有的长达数月；急性经过的 2～4 周内死亡；慢性经过的可持续数月转为带虫免疫状态。食欲减退或废绝，呼吸困难，由鼻孔及眼内流出黏液，腹泻带血；肢体麻痹或不全麻痹，骨骼肌痉挛，心律失常，体温高达 41～42℃，呕吐，似犬瘟热；死前表现兴奋，在笼内旋转惨叫；妊娠狐狸出现流产，胎儿被吸收，妊娠中断，死胎，难产等。公狐狸则不能正常配种，偶见恢复正常，但不久又呈现神经紊乱，最终死亡。

【诊断】临床症状、流行病学和非特异性病理解剖及组织学变化只能提供怀疑本病的依据，确诊必须依靠实验室检查。本病常与狐狸的犬瘟热相混同，也易与病毒性肠炎、脑病和布鲁氏菌病混同。所以必须进行实验室检查加以鉴别。

【治疗】可用氯嘧啶和磺胺二甲嘧啶（每千克体重 20 毫克，肌内注射，每天 2 次，连用 3～4 天）并用效果显著；或用磺胺苯砜（sDDs），剂量为每日每千克体重 5 毫克。为了提高患病狐狸食欲，可辅以 B 族维生素和维生素 C。在治疗发病狐狸个体的同时，必须对全场狐狸群进行预防性投药，常用磺胺对甲氧嘧啶（SMD）20克或磺胺间甲氧嘧啶（SMM）20 克，三甲氧苄啶（TMP）5 克，多维素 10 克，维生素 C 10 克，葡萄糖 1 000 克，小苏打 150 克，混合拌湿料 50 千克，每天 2 次，连喂 5～6 天。

【防控措施】不让猫进入养殖场，尽量防止猫粪对饲料和饮水的污染。饲喂狐狸的鱼、肉及动物内脏均应煮熟后饲喂。对患有弓形虫病的狐狸及可疑的狐狸进行隔离和治疗。死亡尸体及其被迫屠宰的胴体要烧毁或消毒后深埋。取皮、解剖、助产及捕捉用具要进行煮沸消毒，或以 1.5％～2％氯亚明、5％来苏儿溶液消毒。

# （五）普通病

 **321** **怎样防控幼狐狸消化不良？**

幼狐狸消化不良是幼狐狸胃肠机能障碍的统称，是哺乳期和育成期狐狸最常见的一种胃肠疾病。

【病因】①妊娠母狐狸，特别是妊娠后期，饲料供应不足，尤其是蛋白质、矿物质和维生素缺乏时，营养代谢发生障碍，导致初乳的质量降低，仔狐狸从初乳中获得的母源抗体减少，抵抗力下降，这是诱发仔、幼狐狸消化不良的先天性原因。②哺乳期母狐狸的饲养管理不当，特别是饲喂霉败变质食物后，毒素可经乳排出，仔狐狸吸吮乳汁后引起消化障碍。③卫生条件不良，特别是母狐狸乳头不清洁，常常是引起仔狐狸消化不良的重要因素。④小室垫草过度潮湿；或母狐狸叼入小室内的食物因存放时间过久而变质后，常被仔狐狸采食而引起消化不良。⑤刚断奶分窝的幼狐狸，消化机能尚不健全，仅适应于对母乳和高质量补充饲料的消化，因此由母乳改喂饲料时，常因幼狐狸不适应新的生活环境和日粮的变更而发生应激反应，从而引发消化不良。

【临床特征】明显的消化机能障碍和不同程度的腹泻并具有群发的特点，但没有传染性。

【诊断】根据发病原因和临床症状即可作出诊断。但应注意与细小病毒病、沙门氏菌病、大肠杆菌病等引起的腹泻进行鉴别。

【治疗】首先应查找并确定发病原因。对发病仔狐狸，可向泌乳母狐狸饲料中加入一定量的药物，如土霉素、四环素每只 0.1～0.2 克，每天 1 次；对发病幼狐狸应禁食 8～10 小时，但不限制饮水。为了促进消化，可给健胃消食片、乳酶生、乳酸菌素片等。为防止肠道的感染，可肌内注射卡那霉素每千克体重 10～15 毫克、庆大霉素每千克体重 0.5 万～1 万单位、痢菌净每千克体重 2～5 毫克。

**322** 怎样防控狐狸急性胃肠炎？

狐狸消化道比较短，胃炎和肠炎分别是胃黏膜和小肠黏膜急性炎症，在临床上不好鉴别，统称为胃肠炎，是狐狸的常见病。

【病因】①饲养管理不当，如食入腐败变质的饲料、饮水不洁、长期吃不新鲜的肉类或粗纤维过多的谷物饲料；②诱因，狐狸肠道内的常在细菌群在常态下是无害的，但由于长途运输引起狐狸过劳，或患感冒等疾病机体抵抗力下降时，某些常在菌则可大量繁殖增多，转变为致病菌，导致严重的危害；③继发于某些传染病（犬瘟热、犬传染性肝炎、冠状病毒感染和细小病毒感染）和寄生虫病（弓形虫病、蠕虫病或球虫病等）。

【临床特征】病的初期食欲减退，有极度渴感，但饮水后即发生呕吐；病的后期食欲废绝，或因腹痛而表现不安；腹部蜷缩，弯腰弓背，肠蠕动增强，伴有里急后重、腹泻、排出蛋清样灰黄色或灰绿色稀便，严重者可排血便。病程一般急剧，多在1～3天由于治疗不及时或不对症而死亡。

【诊断】根据病史、临床症状，特别是对抗生素药物治疗反应良好，确诊胃肠炎不困难。但有时胃肠炎易与大肠杆菌病、犬瘟热和细小病毒性肠炎相混同，必须加以鉴别。

【治疗】首先应着眼于大群防治，从饲料中排除不良因素，并在饲料中加入百痢安或氟苯尼考、磺胺类药物等抗菌药物，每天2次，持续5～7天可有效控制本病的继续发生。对发病的狐狸要采取以下措施：米汤（每100毫升汤中加入1克食盐，10克多维葡萄糖），每次100～150毫升，每日3次；或给予无刺激性饮食，如肉汤、牛奶等，然后逐渐调整，直至恢复正常饮食为止。抑菌消炎是治疗胃肠炎的根本措施。可选用下列药物：黄连素0.1～0.5克，每天3次内服；磺胺脒0.5～2.0克，每天3～4次内服；氯霉素每千克体重0.02克，每天4次内服，连用4～6天（肌内注射用量减半）；合霉素的用法与氯霉素相同，但用量增加1倍；痢特灵每千克体重0.005～0.01克，分2～3次内服；链霉素0.1～0.5克，每日2～3次内服。此外，还要强心、补液，为恢复食欲促进消化，可肌内注射复合维生素B注射液及维生素C注射液，各1～2毫升。

 **323** **怎样防控狐狸急性胃扩张？**

急性胃扩张（胃臌气）伴发胃弛缓、臌胀，是由于胃的分泌

物、食物或气体聚积而使胃发生扩张或因胃扭转而引起。

【病因】①饲料质量不佳，酸败；②饲料加工防腐不当，未经无害化处理（高温煮沸），使轻度变质的饲料进入胃肠内异常发酵，产酸产气造成胃臌胀；③饲料中某种成分应经高温处理，如啤酒酵母和面包酵母（活菌）应熟喂，若生喂狐狸，易发酵造成胃臌胀；④过食，仔狐狸断奶分窝以后食欲特别旺盛，一旦食入质量不佳的混合料，很易在胃内产气，特别是在炎热的夏季最易发病；⑤继发于传染病或普通胃肠炎，传染病中伪狂犬病有急性胃臌胀现象。

【临床特征】喂食后几小时即出现腹围增大，腹壁紧张性增高，运动减少或运动无力，腹部叩诊明显鼓音。病势发展比较快，患病狐狸出现呼吸困难，头颈伸直并出现急性腹痛症状，可视黏膜发绀，胃穿刺有多量甲烷气排出。抢救不及时，很易自体中毒、窒息或胃破裂而死。当胃破裂时，气体游离到皮下组织内，触诊时有"扑、扑"音。

【诊断】根据典型临床症状和病理变化，即可确诊。伪狂犬病继发胃扩张时，可通过微生物试验等其他方法加以鉴别。

【治疗】发现本病后，应以最快速度进行抢救，若拖延则可能发生胃破裂或窒息而死。首先排除胃扩张的原因，减少胃内发酵产气过程。可口服5%乳酸溶液或食醋3～5毫升，乳酸菌素片、健胃消食片、乳酶生片1～2克。也可肌内注射胃复安0.5～1毫升，以促进胃的正向排空和加速肠内容物向回盲部推进，经1～2小时后若仍不见效，可插入胃导管排出胃内积气；如不能插入胃导管，则必须用较粗的注射针头，经腹壁刺入扩张的胃内进行放气。若放气后，症状不能立即获得显著改善，则表明可能发生胃扭转，应及时进行剖腹手术，进行胃切开，以排空胃内容物并矫正扭转的胃。狐狸出现休克时，应进行抗休克治疗，静脉滴注氢化可的松，剂量为每千克体重5～10毫克。

**324** 怎样防控狐狸感冒？

感冒是由于机体不均等受寒，引起的以上呼吸道黏膜炎症为主要症状的急性全身性疾病。该病也是引起多种疾病的基础，是狐狸常见的疾病。

【病因】当狐狸抵抗力较低时，突然受到寒冷或致敏原（物）刺激，皮肤和黏膜的毛细血管收缩，血液循环障碍，黏膜上皮发炎，出现流鼻涕、眼泪和发热的现象；感冒时，体温升高表明有病原微生物感染。

【临床特征】体温突然升高，打喷嚏，流泪，伴发结膜炎和鼻炎。本病多发生于雨后，早春、晚秋，季节交替，气温突变时。该病是呼吸系统的多发病，特别是哺乳期及分窝前后的幼狐狸。

【诊断】根据狐狸受寒冷作用后突然发病，体温升高，咳嗽及流鼻液等上呼吸道轻度炎症症状等，即可作出诊断，必要时可应用解热剂进行治疗性诊断，迅速治愈的，即可诊断为感冒。

【治疗】应用解热镇痛剂，如 30% 安乃近液、安痛定液或百尔定液，1～2 毫升，肌内注射，每天 1 次。为促进食欲，可用复合维生素 B 注射液或维生素 $B_1$ 注射液；为防止继发症，可用青霉素或广谱抗生素。

**325** 怎样防控狐狸肺炎？

肺炎是支气管和肺的急性或慢性炎症。由于肺炎的经过不同，可分为急性肺炎、慢性肺炎、良性和恶性肺炎。

【病因】多为感冒、支气管炎发展而来，多由呼吸道微生物——肺炎球菌、大肠杆菌、链球菌、葡萄球菌、绿脓杆菌、真菌、病毒等引起。饲养管理不正常、饲料不全价等都可导致狐狸抵抗力下降，引发支气管肺炎和大叶性肺炎。过度寒冷或小室保温不好，引起仔幼狐狸感冒，棚舍内通风不好、潮湿、氨气过大都会促进急性支气管肺炎的发生。

【临床特征】呼吸障碍，低氧血症，以及由于从患部吸收毒素而并发的全身反应。以幼弱及老龄狐狸多发，早春、晚秋气候多变的季节多发。急性支气管肺炎主要表现为精神沉郁，鼻镜干燥，可视黏膜潮红或发绀；体温高至 39.5～41℃，弛张热；呼吸困难，呈腹式呼吸，每分钟呼吸达 60～80 次。日龄小的仔狐狸，多半呈急性经过，看不到典型症状，仅见叫声无力，长而尖，吮吸能力差，吃不到奶，腹部不膨满，很快死亡。

【诊断】狐狸急性支气管肺炎的诊断较为困难，主要是根据临床症状和剖检变化进行诊断。

【治疗】本病的治疗原则是消除炎症，祛痰止咳及制止渗出与促进炎性渗出物的吸收和排除。

1）抑菌消炎　临床常用抗生素和磺胺制剂。常用的抗生素有青霉素、链霉素及广谱抗生素；常用的磺胺制剂有磺胺二甲基嘧啶等。青霉素 20 万～40 万单位，肌内注射，每 8～12 小时一次；链霉素 0.1～0.3 克，肌内注射，每 8～12 小时一次；青霉素和链霉素并用效果更佳。磺胺二甲基嘧啶，每千克体重 50 毫克，静脉注射，每 12 小时一次。强力霉素每千克体重 7～10 毫克，每天 3 次，口服。氯霉素每千克体重 10 毫克，每 12 小时一次。

2）祛痰止咳　可用复方甘草合剂、可待因、氯化铵、远志合剂等。

3）制止渗出与促进吸收　狐狸可静脉注射 10% 葡萄糖酸钙注射液 5～10 毫升，每天 1 次。

**326** 怎样防控狐狸流产？

流产是狐狸妊娠中、后期妊娠中断的一种表现形式，是狐狸繁殖期的常见病，常给生产带来巨大损失。

【病因】引起狐狸流产的原因很多：①饲养管理不当，是引起狐狸流产的最主要原因，如饲喂霉败变质的鱼、肉及病死鸡的肉和内脏；或饲料数量不足及饲料不全价，特别是缺乏蛋白质、维生素 E、钙、磷、镁；又如外界环境不安静和不恰当地捕捉检查母狐狸等。②传染性流产，如布鲁氏菌病、结核病、加德纳氏菌病、真菌感染、沙门氏菌感染、弓形虫病、钩端螺旋体病等都可引起流产。③药物性流产，即在妊娠期间给予子宫收缩药、泻药、利尿剂与激素类药物等。

【临床特征】母狐狸剩食，食欲不好，由于流产的发生时期、病因及病理过程的不同，其临床症状也不完全相同，有以下六种表现：①胚胎消失，又称隐性流产，常无临床症状；②排出不足月的胎儿，常在无分娩征兆的情况下排出，多不被发现；③排出不足月的活胎，即早产；④胎儿干性坏疽；⑤胎儿浸溶；⑥胎儿腐败分解。

【诊断】根据妊娠母狐狸的腹围变化、外阴部附有污秽不洁的恶露和流出不完整的胎儿，可以确诊。

【治疗】针对不同情况，在消除病因的基础上，采取保胎或其他治疗措施。对有流产征兆、胎儿尚存活的，应全力保胎，可用黄体酮5～10毫克，肌内注射，每天1次，连用2～3天。对已发生流产的母狐狸，为防止发生子宫内膜炎和自体中毒，可肌内注射青霉素，60万～80万单位，每天2次，连用3～5天；食欲不好的注射复合维生素B或维生素$B_1$注射液，肌内注射1～2毫升。对不全流产的母狐狸，为防止继续流产和胎儿死亡，常用复合维生素E注射液，皮下注射用量2～3毫升；或1％的黄体酮0.3～0.5毫升。

**327** **怎样防控狐狸难产？**

难产指母狐狸在分娩过程中发生困难，不能将胎儿顺利排出体外。如果难产处理不当，不但会引起生殖器官疾病，甚至还有可能造成母体及胎儿死亡。

【病因】雌激素，垂体后叶素及前列腺素分泌失调；妊娠母狐狸过度肥胖或营养不良；产道狭窄、胎儿过大、胎位和胎势异常等都可导致难产。

【临床特征】一般认为母狐狸已到预产期并已出现了临产征兆，时间已超过4小时，仍不见产程进展；或胎儿已楔入产道达6小时仍不能娩出胎儿；母狐狸表现不安，来回走动，呼吸急促，不停地进出产箱，回视腹部，努责，排便，有时发出痛苦的呻吟，从阴部流出分泌物，狐狸不时地舔舐外阴部，则视为难产。

【治疗】可先用药物催产，肌内注射垂体后叶素（催产素），狐狸用 0.5～1 毫升（5～15 微克），间隔 20～30 分钟再肌内注射一次。在使用催产素 2 小时后，胎儿仍不能娩出，则应人工助产或行剖宫产。若是子宫颈口闭锁、子宫扭转、骨盆腔狭窄、畸形等原因引起的难产，均应尽早施行剖腹产手术。对于胎位异常引起的难产，用手矫正胎位后，再将胎儿拉出。

### 328 怎样防控狐狸乳房炎？

【病因】乳房炎多是由链球菌、葡萄球菌、大肠杆菌等微生物侵入乳腺所引起的母狐狸泌乳期乳房的急性、慢性炎症，是母狐狸的一种常见病，多发生在产后。其感染途径主要是因仔狐狸较多，乳汁不足，仔狐狸咬伤乳头经伤口侵入。此外，亦可由摩擦、挤压、碰撞、划破等机械因素使乳腺损伤而感染。某些疾病（结核病、布鲁氏菌病、子宫炎等）也可并发乳腺炎。

【临床特征】患病母狐狸徘徊不安，拒绝给仔狐狸哺乳，常在产箱外跑来跑去，有时把仔狐狸叼出产箱。仔狐狸生长慢，腹部不饱满，叫声无力。狐狸的急性乳腺炎常局限于一个或几个乳腺，局部有不同程度的充血发红，乳房肿大变硬、温热疼痛。严重时，除局部症状外，常伴有全身症状，如食欲减退、体温升高、精神不振、常常卧地不愿起立。

【诊断】发现初产母狐狸徘徊，仔狐狸不安、叫声异常者，应及时检查母狐狸的泌乳情况和乳房状态。若触诊母狐狸乳房热而硬，有痛感，则说明母狐狸患有乳房炎。

【治疗】可用青霉素 50 万～80 万单位，链霉素 50 万单位，混合后一次肌内注射；或者用氨苄青霉素每次 0.5 克，每日 2 次。也可选用头孢噻呋钠、头孢喹肟、恩诺沙星、红霉素和氟苯尼考等药物治疗。同时注射复合维生素 B 和维生素 C 2～3 毫升。

### 329 什么是中暑？

中暑是日射病和热射病的统称，是由于太阳辐射和闷热环境下狐狸机体过热而引起中枢神经系统、血液循环系统和呼吸系统机能严重失调的综合征。特别是在每年 7 月下旬到 8 月上旬常常发生中暑，如不采取措施，常可导致大批死亡。

（1）狐狸日射病

日射病是狐狸头部，特别是延髓或头盖部受烈日照射过久，脑及脑膜充血而引起的。

【病因】炎热的夏季烈日照射头部和躯体过久，狐狸体温迅速增高，影响脑内循环，脑膜和脑血管扩张、充血，发生脑水肿；并常出现脑微血管破裂，引起脑出血，致使神经中枢部分功能遭到破坏，直至危害生命中枢（呼吸和心跳），导致麻痹而死。日射病多发于夏日 12：00—15：00，狐狸棚遮光不完善或没有避光设备的狐狸群中。

【临床特征】突然发病，有的早晨喂养时还很正常，到中午时已死亡；精神高度沉郁，步态不稳及晕厥，少数有呕吐，头部震颤，呼吸困难，全身痉挛尖叫，最后在昏迷状态下死亡。

【诊断】根据发病的季节和时间及症状可以确诊。

【治疗】及早抢救和采取措施可减少发病和死亡。对已中暑的病狐狸，可将其放在阴凉、通风的地方，头部可用井水清洗或用冰块冷敷降温。处于休克状态的病狐狸，如果静脉注射 5％葡萄糖氯化钠和安钠咖，则更有利于中暑狐狸的恢复。

【防控措施】进入盛夏，养殖场内中午要喷水降温防暑；狐狸的笼舍区要植树遮阴；在高温季节，棚舍应做好遮光工作，避免阳光的直射；水盆内长期保存清洁饮水，夏季不能断水；在饲料中加入小苏打和维生素 C，每 100 千克饲料中加入小苏打 200 克，维生素 C 20 克，可提高狐狸抗热应激的能力。

（2）狐狸热射病

热射病是狐狸在室外温度比较高、湿热、空气不流通的环境下，体温散发不出去而蓄积体内缺氧所引起。

【病因】长途车、船、飞机运输时，或于笼舍或产箱内，由于环境温度高，室内潮湿、空气不流通，导致局部小气候闷热，狐狸体温散发不出去而出现体温升高、缺氧、血液循环衰竭及不同程度的中枢神经功能紊乱。

【临床特征】临床上以体温升高，循环衰竭，呼吸困难，中枢神经功能紊乱为特征。

【诊断】根据发病季节和时间、所处的环境、死亡的状态，可以确诊。

【治疗】应立即把病狐狸分散开，放在通风良好、阴凉处，可给以强心、镇静药治疗。

【防控措施】长途运输种狐狸时要有专人押运，并应在夜间凉爽时起运，及时通风换气。天热时饲养员要经常检查产仔多的笼舍和产箱，必要时把小室盖打开，盖上铁丝网通风换气以防闷死，产箱内垫草要经常打扫更换。炎热的晚上让值班员或饲养员把狐狸赶起来，运动、通风、换气。

**330** 怎样防控狐狸足掌硬皮病？

狐狸足掌硬皮病偶尔可见到，轻者没有全身症状，只是表现足掌部肉垫皮肤肿胀、干燥，患病狐狸在笼内走动比较小心、有痛感、比较拘谨。

【病因】多种原因都可引起，如外伤性炎症，笼网不洁，潮湿，食槽、食板饲后没有及时撤出残食，粪尿的腐蚀，传染性脚皮炎，足癣（脚螨）和B族维生素缺乏等。

【临床特征】病狐狸足掌部皮肤增厚，干燥。触诊足掌部皮肤较硬，个别的趾（指）间有裂口和炎性分泌物。病狐狸不愿活动，在笼内行走步态比较拘谨，不敢负重。一般没有全身症状。重者食欲下降，消瘦。由于不愿运动，掌部磨损少，所以有的表现爪甲比较长，即所谓大脚盖。

【治疗】狐狸群中有个别病例时，应检查局部，创面用双氧水清洗，清理干净，涂布5％碘酊；如果有全身症状，可以对症治疗、抗菌消炎。如群发时，要查清原因：如果是细菌性脚皮炎，用5％～10％浓碘酊涂擦几次就可以治愈；如果是脚螨可用虫克星或通灭治疗，每千克体重0.02～0.03毫升掌部皮下注射，足掌部再涂以5%～10%浓碘酊（注意不要用手拿，此碘酊对人的皮肤有腐蚀作用）；如果是犬瘟热等传染病引起的硬足掌病，要治疗原发病，单纯的对症治疗无效；此外，对患病狐狸群要增加B族维生素的补给。

【防控措施】要加强对笼具的管理，特别是笼具底部要平整、完好无缺，及时除掉笼具内的积粪和异物，食板、食槽要及时撤除刷洗。

## 331 怎样防控狐狸白鼻子症？

狐狸的鼻子头由黑色渐渐出现红点，然后面积逐渐增大，随后就出现白点，最后鼻子头全都变白，即俗称的白鼻子症；以后爪子逐渐变长、变白、脚垫（指枕）也变白增厚，即白鼻长爪病。

【病因】至今不明确。据有关资料报道，该病是营养代谢失调而引起的综合性营养代谢障碍疾病，主要是多种维生素和矿物质、氨基酸缺乏或者比例的不平衡引起的。也有人认为本病是因缺铜引起的色素代谢障碍和毛的角质化生成受损。还有人认为本病是钙磷代谢障碍引起的佝偻病。另外，还有报道认为本病是感染皮霉菌类中的真菌引起的。

【临床特征】

①在鼻端无毛处（鼻镜），由原来的黑色或褐色逐渐出现红点，红点增多变成红斑，再后变成白点，最后整个鼻端全白，俗称"白鼻子"（彩图15-1）。

②脚垫（指枕）变白、增厚、溃裂、疼痛，站立困难，个别发生溃疡。

③爪子长（彩图15-2）、变干瘪（俗称"干爪病"），发白，有的是1个爪子发白，有的是5个爪子都白。皮肤产生大量的皮屑，不断脱落皮屑并出现跛行。

④四肢肌肉干瘪，紧贴骨骼，肌肉萎缩，发育不良，直立困难。肢部被毛短而稀少，皮肤出现大量皮屑，不断脱落，被毛干燥易断，粗糙没有光泽。

　　⑤母狐狸发情晚或不发情；常因发情表现不明显而漏配；配后腹围增大，到妊娠中后期又缩回，出现胚胎被吸收、流产、死胎、烂胎等妊娠中断现象。

　　⑥仔狐狸开始生长发育正常，到冬毛生长期前生长停滞，甚至出现渐进性消瘦，一天比一天小，严重时营养不良而死亡。

　　⑦病狐狸将被毛的尖部咬断、吃掉，针毛秃尖，绒毛变短，颜色变浅淡，一块一块地脱落，多发生在尾、颈、臀及体侧等部位，似毛绒被剪过一样，出现所谓的"秃毛症"或"食毛症"，有脂溢性皮炎症状，严重的有皮肤溃疡现象。

　　【防控措施】由于病因不十分明确，治疗方法也是在不断探讨之中。实践中防治该病发生的办法主要是：正确合理地配制饲料，要特别注意补足狐狸体所需要的氨基酸，保证 B 族维生素的供应量。如果是因缺铜引起的应补充铜，一般用 0.5%～1.9% 硫酸铜是安全的。如果是感染皮霉菌类中的真菌，可于患部涂擦 2% 碘酊或碘甘油，每天 1 次，连涂 3 天；也可口服灰黄霉素或外用制霉菌素治疗。

## 332 怎样防控狐狸大肾病？

　　狐狸大肾病是以狐狸肾脏苍白、肿大（彩图 15-3）为特征的一种疾病，是近些年来才发现的。

　　【临床症状】该病窝发特征比较明显，有些一窝中出现 1～2 只，有的整窝狐狸先后都发病死亡，而母狐狸没有任何明显异常。发病狐狸采食逐渐减少，粪便稀软，消化不良，精神日渐萎靡，前期饮水增多，后期饮水减少，多数后期腹围增大，摇动躯体有震水音，腹部触摸可以摸到肿大的肾脏。如果没有继发感染，除了生长停滞，无其他临床症状。

　　【特征性剖检病变】肾脏苍白、肿大，比正常大 2～4 倍，质地硬，有的肾皮质出血。

　　【治疗】由于不知道"大肾病"的具体发病原因，因此并无具体措施及治疗经验。对出现临床症状的个体，可以试用头孢类（头孢氨苄、头孢曲松钠、头孢噻呋钠、头孢喹肟等）、喹诺酮类（环丙沙星、恩诺沙星、氧氟沙星、左氧氟沙星等）及阿奇霉素等消炎，饲料中还可以添加食醋或者氯化铵等辅助治疗，一个疗程用药不见效，则建议直接淘汰，避免更多饲料浪费。此病可能与遗传有关，母狐狸和公狐狸不宜留作种用。

### 333 怎样防控狐狸食毛症？

狐狸的食毛症（吃毛、咬毛）是由于营养物质缺乏而导致的一种营养代谢性疾病，是养狐狸场中常见的疾病，多发生于秋、冬季节。

【病因】食毛症病因尚不清楚，但多数人认为是矿物质元素（硒、铜、钴、锰、钙、磷等）缺乏或含硫氨基酸和某些 B 族维生素缺乏引起的一种营养代谢异常的综合征。也有人认为是脂肪酸败、酸中毒或肛门腺阻塞等引起。

【临床特征】患病狐狸不定时地啃咬身体某一部位的被毛，主要啃咬尾部、背部、颈部乃至下腹部和四肢。被毛残缺不全，尾巴呈毛刷状或棒状，全身裸露。如果不继发其他病，精神状态没有明显的异常，食欲正常；当继发感冒、外伤感染时，将出现全身症状；或由于食毛引起胃肠毛团阻塞等症状。

【诊断】根据临床症状即可作出诊断，即身体的任何部位毛被咬断都可视为食毛症。但要注意与自咬症及脱毛症相区分。

【治疗】主要是在饲料中补充蛋氨酸（可用羽毛粉、毛蛋等）、复合维生素 B、硫酸钙，每天 2 次，连用 10～15 天即可治愈。还可用硫酸亚铁和维生素 $B_{12}$ 治疗，硫酸亚铁 0.05～0.1 克，维生素 $B_{12}$ 0.1 毫克内服，每天 2 次，连用 3～4 天。

### 334 怎样防控狐狸尿湿症？

尿湿症是泌尿系统疾病的一个征候，而不是单一的疾病。许多疾病都可导致尿湿症的发生，如尿结石、尿路感染、膀胱和阴茎麻痹、后肢麻痹、黄脂肪病及传染病的后期。

【病因】由于饲养管理不当、饲料不佳引起的代谢和泌尿器官的原发疾病或继发症。

【临床特征】生产中公狐狸比母狐狸发病多，主要症状是尿湿。病初出现不随意的频频排尿，会阴部及两后肢内侧被毛浸湿使被毛连成片。皮肤逐渐变红，明显肿胀，不久浸湿部位出现脓疱或皮肤出现溃疡，被毛脱落、皮肤变厚。以后在包皮口处出现坏死性变化，甚至膀胱继发感染，因而患病狐狸常常表现疼痛性尿淋漓，排尿时尿液呈断续状排出，排尿不直射，严重时可见到黏液性或脓性分泌物不时自尿道口流出，走路蹒跚。如不及时治疗原发病，患病狐狸将逐渐衰竭而死。本病多发生于 40～60 日龄幼狐狸。

【诊断】依据会阴和下腹部毛被尿浸湿而持续不愈，即可作出诊断。

【治疗】首先是改善饲养管理条件，从饲料中排除变质或质量不好的动物性饲料，增加富含维生素的饲料并给以充足饮水。为防止感染，可以用抑菌消炎药，如青霉素、土霉素等抗生素类。青霉素用量一般按每千克体重 5 万～10 万单位，肌内注射，每 8 小时一次；硫酸链霉素，按每千克体重 2 万单位，每天 2 次。如果有黄脂肪病，可用亚硒酸钠维生素 E 注射液，剂量根据说明书使用，连用 3～7 天。为促进食欲，每天注射维生素 $B_1$ 注射液 1～2 毫升。局部用高锰酸钾溶液（0.1%）冲洗尿渍，并将毛擦干，勤换垫草，保持窝内干燥。

**335** **怎样防控狐狸黄脂肪病？**

黄脂肪病又称脂肪组织炎，肝、肾脂肪变性（脂肪营养不良），是一种脂肪代谢障碍性疾病。本病是狐狸养殖业中危害较大的常发病。

【病因】本病主要由于狐狸长期食入氧化酸败动物性饲料（肉、鱼、屠宰场下脚料）引起。此外，饲料不新鲜，抗氧化剂、维生素添加量不够，也是发生本病的原因之一。

【临床特征】以全身脂肪组织发炎、渗出、黄染，肝小叶出血性坏死，肝、肾脂肪变性（彩图 15-4）为特征。不仅直接引起狐狸大批死亡，而且在繁殖季节会导致母狐狸发情不正常、不孕、胎儿吸收、死胎、流产、产后无奶，公狐狸利用率低、配种能力差等。本病有急性和慢性经过之分。黄脂肪病一年四季均可发生，但以炎热季节多见，一般多以食欲旺盛、发育良好的幼狐狸先受害致死。仔狐狸断奶分窝后 8—10 月多发，急性经过，发现不及时可造成大批死亡；老狐狸常年发生，慢性经过，多以散发，治疗不及时常常死亡。本病死亡率为 10%～70%。

【诊断】根据临床、病理剖检、组织学变化及饲养状况，可以确诊。但在诊断中应注意与北极狐和银黑狐传染性肝炎、维生素 $B_1$ 缺乏症及饲料中毒加以鉴别诊断。

【治疗】首先应改善日粮质量，增加新鲜肉、鱼和副产品乳、凝乳块、牛肝、新鲜血等富含全价蛋白的饲料，以及酵母、维生素 A、维生素 $B_1$、维生素 $B_{12}$、维生素 E、叶酸、胆碱等的给量。患病狐狸每日每只分别肌内注射维生素 E 或亚硒酸钠维生素 E 注射液 0.5～1 毫升，复合维生素 B 注射液 1.0～20 毫升。为预防继发性细菌感染，可应用青霉素 80 万单位，持续给药 7～10 天。氯化胆碱和维生素 E 一样，对黄脂肪病有很好的效果，对患病狐狸和健康狐狸都可随饲料投给，北极狐和银黑狐每只每次为 60～80 毫克。

【防控措施】必须注意饲料质量，加强冷库的管理。发现脂肪氧化变黄或变酸的鱼、肉饲料要及时处理，改作他用。用高锰酸钾洗过的饲料，禁止喂给妊娠、泌乳期的母狐狸。硒制剂和维生素 E 抗氧化作用强，同时用效果更好，日粮中应保证供给足量。此外，以鱼类饲料为主的狐狸场，一定要重视海鱼的质量，冷贮时间长的不采购。

参考文献
REFERENCES

白秀娟，2002. 简明养狐手册［M］. 北京：中国农业大学出版社.

白秀娟，2013. 经济动物生产学［M］. 北京：中国农业出版社.

华盛，华树芳，2009. 毛皮动物高效健康养殖关键技术［M］. 北京：化学工业出版社.

刘建柱，马泽芳，2014. 特种经济动物疾病防治学［M］. 北京：中国农业大学出版社.

马泽芳，崔凯，高志光，2013. 毛皮动物饲养与疾病防制［M］. 北京：金盾出版社.

马泽芳，崔凯，2014. 貂狐貉实用养殖技术［M］. 北京：中国农业出版社.

朴厚坤，王树志，丁群山，2006. 实用养狐技术［M］. 北京：中国农业出版社.

钱国成，魏海军，刘晓颖，2006. 新编毛皮动物疾病防治［M］. 北京：金盾出版社.

覃能斌，孙海峡，刘春龙，2006. 实用养狐技术大全［M］. 北京：中国农业出版社.

佟煜人，籍玉林，2006. 毛皮兽养殖技术问答［M］. 北京：金盾出版社.

佟煜人，谭书岩，2007. 狐标准化生产技术［M］. 北京：金盾出版社.

佟煜人，张志明，2009. 毛皮动物毛色遗传及繁育新技术［M］. 北京：金盾出版社.

佟煜人，2008. 毛皮动物饲养员培训教材［M］. 北京：金盾出版社.

闫新华，程世鹏，闫喜军，2008. 毛皮动物疾病诊疗原色图谱［M］. 北京：中国农业出版社.

赵世臻，2004. 狐的人工授精与饲养［M］. 北京：金盾出版社.

郑庆丰，2009. 科学养狐技术［M］. 北京：中国农业出版社.

**图书在版编目（CIP）数据**

高效科学养狐狸 335 问 / 马泽芳等编著 . —北京：
中国农业出版社，2020.2
（养殖致富攻略·疑难问题精解）
ISBN 978-7-109-25875-4

Ⅰ．①高…　Ⅱ．①马…　Ⅲ．①狐－饲养管理－问题解
答　Ⅳ．①S865.2-44

中国版本图书馆 CIP 数据核字（2019）第 191698 号

中国农业出版社出版
地址：北京市朝阳区麦子店街 18 号楼
邮编：100125
责任编辑：周锦玉
版式设计：王　晨　　责任校对：周丽芳
印刷：中农印务有限公司
版次：2020 年 2 月第 1 版
印次：2020 年 2 月北京第 1 次印刷
发行：新华书店北京发行所
开本：880mm×1230mm　1/32
印张：7.25　　插页：1
字数：182 千字
定价：29.00 元

彩图 2-1　赤　狐

彩图 2-2　银黑狐

彩图 2-3　浅蓝色北极狐

彩图 2-4　白色北极狐

彩图 11-1　眼结膜炎、鼻炎

彩图 11-2　趾垫肿胀

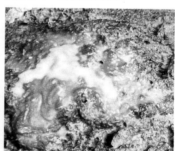

彩图 11-3　粪便呈五颜六色

彩图 11-4　黏膜圆柱(黏液管)

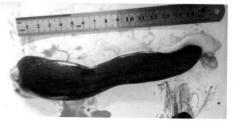

彩图 11-5　脾肿大 7～8 倍

彩图 12-1 肺出血

彩图 12-2 黄白痢

彩图 12-3 脾显著肿大

彩图 12-4 胃黏膜有黑色溃疡

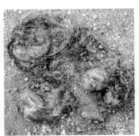
彩图 12-5 流产胎儿

彩图 15-1 白鼻子

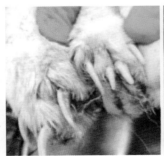
彩图 15-2 爪子长

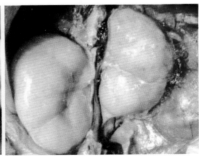
彩图 15-3 肾脏苍白、肿大

彩图 15-4 肝脂肪变性